建设生态新农村丛书　主编　沈东升

安全种植百问百答

胡立芳　龙於洋　编著

浙江工商大学出版社

前言
FOREWORD

“三农”问题是关系到改革开放和现代化建设全局的重大问题。没有农村的稳定就没有全国的稳定，没有农民的小康就没有全国人民的小康，没有农业的现代化就没有整个国民经济的现代化。搞好农村这个大头，就有了把握全局的主动权。“建设生态新农村丛书”正是贯彻党的十七大和十七届五中全会精神，落实《中共中央办公厅、国务院办公厅关于进一步加强农村文化建设的意见》要求，促进农村文化和经济、政治、社会协调发展，帮助广大农民增收致富，丰富农民群众精神文化生活，进一步加强我省服务“三农”出版物出版发行工作而制定的“服务‘三农’重点出版物出版工程”。

本套“建设生态新农村丛书”，包括《村镇规划百问百答》、《环保理念百问百答》、《循环经济百问百答》、《生态住宅百问百答》、《生态旅游百问百答》、《生态养殖百问百答》、《安全种植百问百答》、《食品安全百问百答》、《清洁能源百问百答》、《饮水安全百问百答》、《清洁河道百问百答》、《垃

圾处理百问百答》、《污水处理百问百答》、《固废利用百问百答》、《低碳生活百问百答》等 15 个分册，分别从农业、农村和农民三个角度，多方位探讨农村从温饱到小康，进而实现现代化的历史进程中，农村的经济建设和生态文明建设面临的诸多新问题。本丛书力求为切实解决农民收入增长、农业基础设施、农村抗御自然灾害能力等人口、资源、环境问题与矛盾提供参考，以全面推进农村经济发展和社会进步，全面实现小康并逐步向更高的水平前进，建成富裕、民主、生态、文明的社会主义新农村。

本套丛书编写通过基本概念介绍、关键工艺解释、具体案例辅助说明、有关政策法规解读等思路，结合编者的科研团队中相关研究工作的积累，采用一问一答的形式讲述农村环保、生态经济、低碳生活等方面的内容。本丛书强调理论联系实际，可供广大农民朋友阅读使用，也适用于从事“三农”等相关行业的专业技术人员学习参考。

本套丛书由沈东升任主编，龙於洋和汪美贞任副主编；分别由汪美贞、龙於洋、胡立芳、丁涛、李春娟、谯华、赵芝清、姚俊、李文兵、王静、夏芳芳、陈应强、张弛、廖燕、邓友华、郭梦婷、宋二喜、白云、孔娇艳、冯小晏、黄宝成、冯欢、冯一舰、杨煜强、曾燕燕、郑昕、何虹蓁、胡敏杰等负责相应分册的编写工作。此外，陶萍萍、谢德援、苏瑶、孟欣奕、吴欣玮、全立平、洪微微、徐辰、陈玲桂、冯琪波、帅慧、方圆、贠晓玲、余秋瑾等，为本套丛书的编写付出了大量辛勤的劳动。

在本套丛书的编写中，引用了大量国内外科学工作者和“三农”管理人员的成果和资料，在编写出版过程中，得到了浙江工商大学出版社钟仲南副总编、邬官满老师的大力支持和帮助，在此谨向为这套丛书编写和出版提供材料和帮助的所有人士表示衷心的感谢。限于编者水平，书中难免存在差错及纰漏之处，热忱欢迎读者批评指正。

沈东升

2011 年 6 月于华家池畔

目录

CONTENTS

基本概念篇

种植环境篇

营养诊断篇

轮作技术篇

土壤改良篇

施肥技术篇

虫害防治篇

技术规范篇

基本概念篇

1. 什么是安全种植？

答：安全种植是指在保护、改善农业生态环境的前提下，遵循生态学、生态经济学规律，运用系统工程方法和现代科学技术，集约化经营的农业发展模式。安全种植是一个生态经济复合系统，将种植生态系统同种植经济系统综合统一起来，以取得最大的生态经济整体效益。这既是农、林、牧、渔等各业综合起来的大农业，又是农业生产、加工、销售综合起来，适应市场经济发展的现代农业。

2. 安全种植对农业生态环境和农产品质量有何重要意义？

答：实施安全种植的重要意义主要表现如下：

(1) 推动农业生态系统内物质的循环利用

安全种植通过提高太阳能的固定率和利用率、生物能的转化率、废弃物的再循环利用率等，促进物质在农业生态系统内部的循环利用和多次重复利用，以尽可能少的投入求得尽可能多的产出，并获得生产发展、能源再利用、生态环境保护、经济效益等相统一的综合性效果，使农业生产处于良性循环中。

(2) 改善土壤，营造良好的微生态环境

近几年来，在土地上大量使用化肥与农药，不但污染了土地和水源，而且使野生动植物也不断减少。五六十岁的人会记得，他们年轻时在庄稼地里多见蚯蚓，会记得无数的蚯蚓在肥沃的土壤里勤勤恳恳地忙碌，会记得沃土养育着蚯蚓，蚯蚓也培育了沃土；但现在，在庄稼地里就难见蚯蚓和其他小生灵的踪迹了。化学肥料和化学农药污染了沃土，蚯蚓失去了繁衍生存的条件，土壤正迅速板结和日渐贫瘠。安全种植采用微生物技术和轮作制，即豆类、粮食、苜蓿、根茎植物不断轮种，以增加土地的氮肥和氯肥，使地下水保持清洁。待农作物收获之后，再把其根茎和麦秆捣碎，喷洒上益生菌原液后埋入地下，使地表下形成一层肥沃的天然腐殖质，同时又能促使有机物的转化，保持水土不致流

失；同时有效改善土壤的酸、碱、黏、沙、易涝、易旱等性质，保水透气；活化土壤中磷、钾，固氮，有效消除土壤板结，释放土壤肥力，提高肥料利用率，为农作物营造出良好的微生态生长环境。

(3) 提高农产品质量和安全

传统的种植大量使用农药和化肥制剂，不仅污染了农产品，同时也造成一些农产品日益退化，质量下降，色香味越来越差。庄稼疾病百出，艰难生长，瓜果蔬菜有残留毒害，人、禽、畜每天都在"服毒解饥"；生产化学肥料和化学农药的过程中，空气、水源和土地被不断地一次又一次地污染。人、禽、畜等地球生物的健康和繁衍，也像蚯蚓一样面临着危机。安全种植具有无毒、无副作用、不产生抗药性的天然的微生物菌剂代替传统的农药、化肥制剂等特点，能提高种子发芽率及幼苗的健壮度，促进农作物在各时期的生长发育，保花保果，提高结实率；能预防连种带来的影响，减少农作物病、虫、害的发生；能有效降解各种有害残留，减少种植户对化肥、消毒剂、杀虫剂的依赖。

(4) 带来经济效益

由于安全种植能显著改善农作物品质，增产增收，是农民朋友生产出安全、健康、绿色农产品的好帮手，从而给种植业带来巨大的经济效益。

3. 安全种植是否就是有机种植？

答：有机种植是一种在生产中不使用化学合成的肥

料、农药、生长调节剂，也不采用基因工程和离子辐射技术，而是遵循自然规律，采取农作、物理和生物等方法培肥土壤、防治病虫害，以获得安全的生物及其产物的农业生产体系。其核心是建立和恢复农业生态系统的生物多样性和良性循环，以维持农业的可持续发展。

安全种植包括常规种植和有机种植，其中有机种植仅占小部分。常规农业是在改造传统农业过程中发展的现代农业，以系统的开放性、资源的高投入和生产的高效率为基本特征的农业发展模式。常规农业也是当前世界农业在实施运作上占主导地位的农业发展模式。

4. 安全种植生产的产品是否就是无公害农产品？

答：无公害农产品是指产地环境、生产过程和产品质量符合国家有关标准和规范的要求，经认证合格获得认证证书并允许使用无公害农产品标志的优质农产品及其加工制品。无公害农产品系采用无公害栽培（饲养）技术及其加工方法，按照无公害农产品生产技术规范，在清洁无污染的

图 1　无公害农产品标志

良好生态环境中生产、加工的，安全性符合国家无公害农产品标准的优质农产品及其加工制品。无公害农产品生产是保障大众食用农产品消费者的身体健康、提高农产品安全质量的生产。广义上的无公害农产品，是指有机食品（又叫生态食品）、绿色食品等无污染的安全营养类食品。狭义的无公害农产品是指农药残留、重金属和有害微生物等卫生质量指标达到无公害食品标准。严格来讲，无公害食品应当是普通食品都应当达到的一个基本要求。因而，以安全种植方式生产的农产品必须是无公害的。

5. 安全种植方式生产的农产品安全结构如何？

答：安全种植方式下生产的农产品包括无公害食品、绿色食品和有机食品，安全结构见图 2。其中，农产品的无公害是由政府食品质量监督部门严格把关的，农产品进入

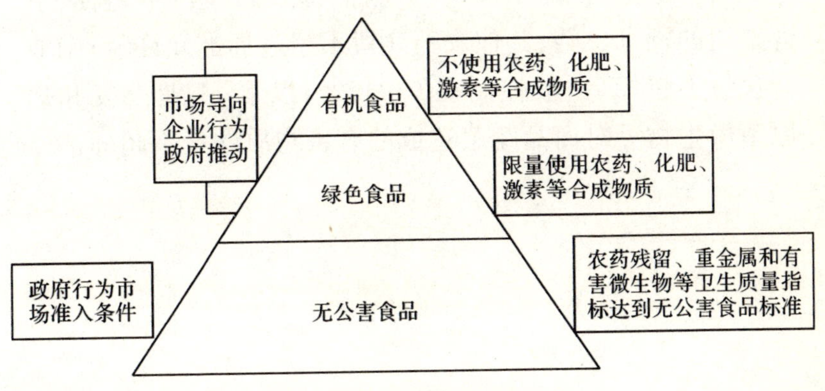

图 2　我国安全食品的结构

市场的必要条件，是普通食品都应当达到的一个基本要求。有机食品和绿色食品在生产过程中，不使用任何农药、化肥和人工合成激素，或允许限量使用限定的农药、化肥和合成激素，食品口感、营养价值等更佳，颇受老百姓欢迎，也是今后安全种植发展的一个重要方向。

6. 无公害农产品的判定依据是什么？

答：在现实的自然环境和技术条件下，要生产出完全不受到有害物质污染的农产品是很难的。以蔬菜为例，所谓无公害蔬菜，实际上是指商品蔬菜中不含有有关规定中不允许的有毒物质，并将某些有害物质控制在标准允许的范围内，保证人们的食菜安全。通俗地说，无公害蔬菜应达到“优质、卫生”。“优质”指的是品质好、外观美，维生素C和可溶性糖含量高，符合商品营养要求。曹卢波等研究结果表明，“卫生”指的是3个不超标、即农药残留不超标、不含禁用的剧毒农药、其他农药残留不超过标准允许量；硝酸盐含量不超标，一般控制在0.0432%以下；工业三废和病原菌微生物等对商品蔬菜造成的有害物质含量不超标。

种植环境篇

7. 农田灌溉用水的水质有哪些要求或标准?

答: 安全种植产地应选择在生态环境良好,没有或不受环境污染影响或污染物限量控制在允许范围内的生态环境良好的农业生产区域。灌溉水的质量标准应符合《农田灌溉水质标准》(GB 5084—92)。具体水质指标见表1。

表1　农田灌溉水质标准

序号	项目 \ 作物分类		标准值(毫克/升)		
			水作	旱作	蔬菜
1	生化需氧量(BOD_5)	≤	80	150	80
2	化学需氧量(COD_{Cr})	≤	200	300	150
3	悬浮物	≤	150	200	100

续 表

序号	项目＼作物分类		标准值(毫克/升)		
			水 作	旱 作	蔬 菜
4	阴离子表面活性剂(LAS)	≤	5.0	8.0	5.0
5	凯氏氮	≤	12	30	30
6	总磷(以 P 计)	≤	5.0	10	10
7	水温(℃)	≤		35	
8	pH 值	≤	5.5～8.5		
9	全盐量	≤	1000(非盐碱土地区),2000(盐碱土地区),有条件的地区可以适当放宽		
10	氯化物	≤		250	
11	硫化物	≤		1.0	
12	总汞	≤	0.001		
13	总镉	≤	0.005		
14	总砷	≤	0.05	0.1	0.05
15	铬(六价)	≤		0.1	
16	总铅	≤		0.1	
17	总铜	≤		1.0	
18	总锌	≤		2.0	
19	总硒	≤		0.02	
20	氟化物	≤	2.0(高氟区),3.0(一般地区)		
21	氰化物	≤		0.5	
22	石油类	≤	5.0	10	1.0
23	挥发酚	≤		1.0	

续　表

序号	项　目＼作物分类		标准值(毫克/升)		
			水　作	旱　作	蔬　菜
24	苯	≤		2.5	
25	三氯乙醛	≤	1.0	0.5	0.5
26	丙烯醛	≤		0.5	
27	硼	≤	1.0(对硼敏感作物,如马铃薯、笋瓜、韭菜、柑橘等) 2.0(对硼耐受性较强的作物,如小麦、玉米、小白菜等) 3.0(对硼耐受性强的作物,如水稻、萝卜、油菜、甘蓝菜等)		
28	粪大肠菌群数(个/升)	≤	10000		
29	蛔虫卵数(个/升)	≤	2		

8. 污水灌溉时污水水质有哪些要求或标准?

答:一般情况下,城市污水再生处理后可用于农田灌溉,水质基本控制项目和选择控制项目及其指标最大限值,应符合《城市污水再生利用——农田灌溉用水水质》(GB 20922—2007)等要求,具体指标见表2和表3所示。

表 2　基本控制项目及水质指标最大限值

毫克/升

<table>
<tr><th rowspan="2">序号</th><th rowspan="2">基本控制项目</th><th colspan="4">灌溉作物类型</th></tr>
<tr><th>纤维作物</th><th>旱地谷物
油料作物</th><th>水田谷物</th><th>露地蔬菜</th></tr>
<tr><td>1</td><td>生化需氧量(BOD_5)</td><td>100</td><td>80</td><td>60</td><td>40</td></tr>
<tr><td>2</td><td>化学需氧量(COD_{Cr})</td><td>200</td><td>180</td><td>150</td><td>100</td></tr>
<tr><td>3</td><td>悬浮物(SS)</td><td>100</td><td>90</td><td>80</td><td>60</td></tr>
<tr><td>4</td><td>溶解氧(DO)　≥</td><td colspan="2">—</td><td colspan="2">0.5</td></tr>
<tr><td>5</td><td>pH 值(无量纲)</td><td colspan="4">5.5～8.5</td></tr>
<tr><td>6</td><td>溶解性总固体(TDS)</td><td colspan="3">非盐碱地地区 1000，盐碱地地区 2000</td><td>1000</td></tr>
<tr><td>7</td><td>氯化物</td><td colspan="4">350</td></tr>
<tr><td>8</td><td>硫化物</td><td colspan="4">1.0</td></tr>
<tr><td>9</td><td>余氯</td><td colspan="2">1.5</td><td colspan="2">1.0</td></tr>
<tr><td>10</td><td>石油类</td><td colspan="2">10</td><td>5.0</td><td>1.0</td></tr>
<tr><td>11</td><td>挥发酚</td><td colspan="4">1.0</td></tr>
<tr><td>12</td><td>阴离子表面活性剂(LAS)</td><td colspan="2">8.0</td><td colspan="2">5.0</td></tr>
<tr><td>13</td><td>汞</td><td colspan="4">0.001</td></tr>
<tr><td>14</td><td>镉</td><td colspan="4">0.01</td></tr>
<tr><td>15</td><td>砷</td><td colspan="2">0.1</td><td colspan="2">0.05</td></tr>
<tr><td>16</td><td>铬(六价)</td><td colspan="2">0.1</td><td colspan="2"></td></tr>
<tr><td>17</td><td>铅</td><td colspan="4">0.2</td></tr>
<tr><td>18</td><td>粪大肠菌群数(个/升)</td><td colspan="2">40000</td><td colspan="2">20000</td></tr>
<tr><td>19</td><td>蛔虫卵数(个/升)</td><td colspan="4">2</td></tr>
</table>

表 3 选择控制项目及水质指标最大限值

毫克/升

序号	选择控制项目	限值	序号	选择控制项目	限值
1	铍	0.002	10	锌	2.0
2	钴	1.0	11	硼	1.0
3	铜	1.0	12	钒	0.1
4	氟化物	2.0	13	氰化物	0.5
5	铁	1.5	14	三氯乙醛	0.5
6	锰	0.3	15	丙烯醛	0.5
7	钼	0.5	16	甲醛	1.0
8	镍	0.1	17	苯	2.5
9	硒	0.02			

9. 采用城市污水灌溉时应注意哪些事项？

答：纤维作物、旱地谷物要求城市污水达到一级强化处理，水田谷物、露地蔬菜要求达到二级处理。农田灌溉时，在输水过程中主渠道应有防渗措施，防止地下水污染；最近灌溉取水点的水质应符合表 2 和表 3 的规定。城市污水再生利用灌溉农田之前，各地应根据当地的气候条件、作物的种植种类及土壤类别进行灌溉试验，确定适合当地的灌溉制度。

对灌溉的城市污水进行监控，其中监测指标包括：基本控制项目（表 2）必须检测；选择控制项目（表 3），根据污水

处理厂接纳的工业污染物的类别和农业用水质量要求选择控制。

城市污水再生利用农田灌溉用水基本控制项目和选择控制项目的监测布点及监测频率，应符合《农用水源环境质量监测技术规范》(NY/T 395)的要求。

10. 基于安全种植的土壤可分为哪几类？

答：基于安全种植要求，并参考土壤分类标准(GB 15618—1995)，将种植土壤分为以下三类：

Ⅰ类主要适用于国家规定的自然保护区(原有背景重金属含量高的除外)、茶园、牧场和其他保护地区的土壤，土壤质量基本保持自然背景水平。

Ⅱ类主要适用于一般农田、蔬菜地、茶园、果园、牧场等土壤，土壤质量基本上对植物和环境不造成危害和污染。

Ⅲ类主要适用于林地土壤和矿产附近等地的农田土壤(蔬菜地除外)。土壤质量基本上对植物和环境不造成危害和污染。

11. 土壤质量标准如何分级？各级执行标准是什么？

答：基于安全种植，按照《土壤环境质量标准》(GB 15618—1995)，标准分级如下：

一级标准：为保护区域自然生态，维持自然背景的土壤

环境质量的限制值。

二级标准:为保障农业生产,维护人体健康的土壤限制值。

三级标准:为保障农林业生产和植物正常生长的土壤临界值。

各类种植土壤环境质量执行标准的级别规定如下:

Ⅰ类种植土壤环境质量执行一级标准;

Ⅱ类种植土壤环境质量执行二级标准;

Ⅲ类种植土壤环境质量执行三级标准。

各类种植土壤的环境质量标准值见表 4。

表 4　土壤环境质量指标

毫克/千克

级别 / 项目 / pH	一级	二级			三级
	自然背景	<6.5	6.5～7.5	>7.5	>6.5
镉 ≤	0.20	0.30	0.30	0.60	1.0
汞 ≤	0.15	0.30	0.50	1.0	1.5
砷[1)] 水田[3)] ≤	15	30	25	20	30
砷[1)] 旱地 ≤	15	40	30	25	40
铜 农田等 ≤	35	50	100	100	400
铜 果园 ≤	—	150	200	200	400
铅 ≤	35	250	300	350	500
铬[1)] 水田 ≤	90	250	300	350	400
铬[1)] 旱地[3)] ≤	90	150	200	250	300
锌 ≤	100	200	250	300	500
镍 ≤	40	40	50	60	200

续 表

项目＼级别 pH	一级	二级			三级
	自然背景	＜6.5	6.5～7.5	＞7.5	＞6.5
六六六[2] ≤	0.05	0.50	1.0		
滴滴涕[2] ≤	0.05	0.50	1.0		

注：1）重金属（铬主要是三价）和砷均按元素量计，适用于阳离子交换量＞5cmol（＋）/千克的土壤，若≤5cmol（＋）/千克，其标准值为表内数值的半数；2）六六六为四种异构体总量，滴滴涕为四种衍生物总量；3）水旱轮作地的土壤环境质量标准，砷采用水田值，铬采用旱地值。

12. 安全种植区域对空气质量有哪些要求？

答： 按照《环境空气质量标准》（GB 3095—1996）环境空气质量功能区的分类和标准分类，安全种植区域的空气质量功能区为二类区，大气污染物的浓度限值执行二级标准，具体各项指标要求见表5。

表5 空气质量指标

项 目	指 标			浓度单位
	年平均	日平均	1小时平均	
二氧化硫（SO_2）	0.06	0.15	0.70	毫克/立方米（标准状态）
总悬浮颗粒物（TSP）	0.20	0.30	—	
可吸入颗粒物（PM_{10}）	0.10	0.15	—	
氮氧化物（NO_x）	0.05	0.10	0.15	
二氧化氮（NO_2）	0.04	0.08	0.12	
一氧化碳（CO）	—	4.00	10.00	
臭氧（O_3）	0.12	0.16	0.20	

续 表

项　目	指　标			浓度单位
	年平均	日平均	1 小时平均	
铅(Pb)	1.00	季平均 1.50		微克/立方米(标准状态)
苯并[a]芘(B[a]P)	—	0.01	—	
氟化物(F)	月平均	1.8[1)]	3.0[2)]	微克/(立方分米·天)
	季平均	1.2[1)]	2.0[2)]	

注:1) 适用于牧业区和以半牧业为主的半农牧区、蚕桑区;2)适用于农业和林业区。

13. 保护农作物的大气污染物浓度限值是多少?

答:为维护农业生态系统良性循环,保护农作物的正常生长和农畜产品优质高产,尤其是具有重要经济价值的作物、蔬菜、桑茶和牧草,对大气污染物的最高允许浓度作了相关要求,也是对安全种植区域空气环境质量的补充。

根据各种作物、蔬菜、果树、桑茶和牧草对二氧化硫、氟化物的耐受能力,将农作物分为敏感、中等敏感和抗性三种不同类型,分别指定浓度限值。农作物敏感性的分类是以各项大气污染物对农作物生产力、经济状况和叶片伤害的综合考虑为依据。各项大气污染物的浓度限值列于表 6。各类不同敏感性农作物的大气污染物浓度限值,是在长期和短期接触的情况下,保证各类农作物正常生长,不发生急、慢性伤害的空气质量要求。刘一平等认为,氟化物敏感农作物的浓度限值,除保护作物、蔬菜、果树、桑叶和牧草的

正常生长，不发生急、慢性伤害外，还保证桑叶和牧草一年内月平均的含量分别不超过30毫克/千克和40毫克/千克的浓度阈值，保护桑蚕和牲畜免遭危害。

表6　保护农作物的大气污染物浓度限值

污染物	作物敏感程度	生长季平均浓度[1]	日平均浓度[2]	任何一次[3]	农作物种类
二氧化碳[4]	敏感作物	0.05	0.15	0.50	冬小麦、春小麦、大麦、荞麦、大豆、甜菜、芝麻 菠菜、青菜、白菜、莴苣、黄瓜、南瓜、西葫芦、马铃薯 苹果、梨、葡萄 苜蓿、三叶草、鸭茅、黑麦草
	中等敏感作物	0.08	0.25	0.70	水稻、玉米、燕麦、高粱、棉花、烟草 番茄、茄子、胡萝卜 桃、杏、李、柑橘、樱桃
	抗性作物	0.12	0.30	0.80	蚕豆、油菜、向日葵 甘蓝、芋头 草莓
氟化物[5]	敏感作物	1.0	5.0		冬小麦、花生 甘蓝、菜豆 苹果、梨、桃、杏、李、葡萄、草莓、樱桃、桑 紫芥菜蓿、黑麦草、鸭茅
	中等敏感作物	2.0	10.0		大麦、水稻、玉米、高粱、大豆 白菜、芥菜、花椰菜 柑橘 三叶菜

续　表

污染物	作物敏感程度	生长季平均浓度[1]	日平均浓度[2]	任何一次[3]	农作物种类
氟化物[5]	抗性作物	4.5	15.0		向日葵、棉花、茶 茴香、番茄、茄子、辣椒、马铃薯

注：1)“生长季平均浓度”为任何一个生长季的日平均浓度值不超过的限值；2)“日平均浓度”为任何一日的平均浓度不许超过的限值；3)“任何一次”为任何一次采样测定不许超过的浓度限值；4) 二氧化硫浓度单位为毫克/立方米；5) 氟化物浓度单位为微克/(立方分米·天)。

营养诊断篇

14. 植物体的养分组成有哪些?

答:新鲜植物体一般含水量为70%~95%,并因植物的年龄、部位、器官不同而有差异。叶片含水量较高,其中又以幼叶为最高,茎秆含水量较低,种子则更低,有时只含5%。新鲜植物经烘烤后,可以获得干物质,在干物质中含有无机和有机两类物质。干物质燃烧时,有机物在燃烧过程中氧化而挥发,余下的部分就是灰分,是无机态氧化物。

15. 什么是植物必需营养元素?确定标准是什么?

答:植物不仅能吸收它所必需的营养元素,同时也会

吸收一些它并不需要、甚至可能有毒的元素。因此，确定某种营养元素是否必需，应该采取特殊的研究方法，即在不供给该元素的条件下进行溶液培养，以观察植物的反应，根据植物的反应来确定该元素是否必需。1939 年，国际学者阿隆提出了确定必需营养元素的三条标准：

(1) 这种化学元素对所有植物的生长发育是不可缺少的。缺少这种元素就不能完成其生命周期，对高等植物来说，即由种子萌发到再结出种子的过程。

(2) 缺乏这种元素后，植物会表现出特有的症状，而且其他任何一种化学元素均不能代替其作用，只有补充这种元素后症状才能减轻或消失。

(3) 这种元素必须是直接参与植物的新陈代谢，对植物起直接的营养作用，而不是改善环境的间接作用。

16. 植物必需元素有哪些？它们在植物体内的含量情况如何？

答：到目前为止，国内外公认的高等植物所必需的营养元素有 16 种。它们是碳、氢、氧、氮、磷、钾、钙、镁、硫、铁、硼、锰、铜、锌、钼和氯。

必需营养元素在植物体内的含量相差很大(表 7)，一般可根据植物体内含量的多少划分为大量营养元素和微量营养元素。大量营养元素含量一般占干物质重量的 0.1%以上，它们是碳、氢、氧、氮、磷、钾、钙、镁和硫等 9 种；微量营养元素的含量一般在 0.1%以下，有的只含

0.1毫克/千克，它们是铁、硼、锰、铜、锌、钼和氯7种。

表7　正常生长植株的干物质中营养元素的平均含量(干重)

大量营养元素					微量营养元素				
元素	符号	微摩尔/千克	毫克/千克	%	元素	符号	微摩尔/千克	毫克/千克	%
硫	S	30		0.1	钼	Mo	0.001	0.1	
磷	P	60		0.2	铜	Cu	0.10	6	
镁	Mg	80		0.2	锌	Zn	0.30	20	
钙	Ca	125		0.5	锰	Mn	1.0	50	
钾	K	250		1.0	铁	Fe	2.0	100	
氮	N	1 000		1.5	硼	B	2.0	20	
氧	O	30 000		45	氯	Cl	3.0	100	
碳	C	40 000		45					
氢	H	60 000		6					

上述必需营养元素在植物体内的含量常受到植物种类、年龄以及环境中其他矿质元素含量等因素的影响，尤其是环境条件的影响，可使体内各种营养元素的含量发生很大的变化。在植物组织中常出现某些微量元素含量明显超过其生理需要量的情况，例如铁、锰的含量能接近植株中硫或镁的含量，这主要是环境条件影响的结果。应该指出，植物各器官中营养元素的含量并不能完全反映植物对这些养分的实际需要量，尤其是一些非必需营养元素，常常是被动吸收到植物体内的。

17. 必需营养元素的一般营养功能有哪些？

答：从生理学观点来看，根据植物组织中元素的含量把植物营养元素划分为大量营养元素、中量营养元素和微量营养元素是欠妥的。如能按植物营养元素的生物化学作用和生理功能进行分类则更为适合。国际学者 Mengel 和 Kirkby 把植物必需营养元素分为 4 组，并指出其主要营养功能如下：

第 1 组包括植物有机体的主要组分：碳、氢、氧、氮和硫。它们是构成有机物的主要成分，也是酶促反应过程中原子团的必需元素。这些元素能在氧化还原反应中被同化。李广慧等认为，碳、氢、氧在光合作用过程中被同化形成有机物，氢在氧化还原反应中起重要作用。碳、氢、氧、氮和硫同化为有机物的反应是植物新陈代谢的基本过程。

第 2 组包括磷、硼、硅，这 3 个元素有相似的特性，它们都以无机阴离子或酸分子的形态被植物吸收，并可与植物体中的羟基化合物进行酯化作用生成磷酸酯、硼酸酯等；磷酸酯还参与能量转换反应。

第 3 组包括钾、钠、钙、镁、锰和氯。它们以离子的形态被植物吸收，并以离子形态存在于细胞的汁液中，或被吸附在非扩散的有机酸根上。这些离子有的能构成细胞渗透压，有的能活化酶，或成为酶和底物之间的桥梁。

第 4 组包括铁、铜、锌和钼。它们主要以螯合态存在于植物体内，除钼以外也常常以配合物或螯合物的形态被植

物吸收。这些元素中的大多数可通过原子价的变化传递电子。

此外，钙、镁、锰也可被螯合，它们与第3组元素间没有很明显的界线。

在16种必需营养元素中，光合作用的3个主要参与者——碳、氢、氧和氮、硫、磷是组成植物体的主要成分。例如，构成植物骨架的细胞壁几乎完全是由碳水化合物和含碳、氢、氧的其他化合物所组成；作为细胞质主要有机成分的蛋白质，也主要是由碳、氢、氧、氮和少量的硫所组成；细胞核以及某些细胞质的细胞器中的核酸是由碳、氢、氧、氮和磷构成的；所有的生物膜中都含有丰富的脂类，它们主要是由碳、氢、氧和少量的氮与磷所构成。

钙的主要功能是结合到细胞壁中胶层的结构中，成为细胞间起粘接作用的果胶酸钙。钙在调节细胞膜的透性方面也起着重要作用。镁在化学性质上与钙相似，它是叶绿素分子的中心元素；它也是多种酶的特异辅助因子，对于核糖体稳定性来说也是必需的。钾的功能是多方面的，对调节膨压有重要作用；它还能活化许多种重要的酶。

在微量营养元素中，除硼和氯以外，它们的主要营养功能是作为细胞中酶的基本组分或激活剂，常常是辅酶或辅酶的一部分，特别是那些在氧化还原反应中起作用的辅酶都含有某种微量营养元素。缺硼常引起分生组织细胞死亡，这可能和硼参与糖的长距离运输有关。氯在某些作物中也参与膨压的调节，它作为陪伴离子和钾一起移动，使细胞维持电中性。当前，氯的功能尚未完全清楚，还有待深入研究。

有益元素虽不是所有植物所必需的，但却是某些植物种类所必需（如硅是水稻所必需），或是对某些植物的生长发育有益，或是有时表现出有刺激生长的作用（如豆科作物需要钴、黎科作物需要钠等）。目前有益元素日益受到人们的重视。

18. 氮元素在植物生长过程中的作用是什么？

答：植物需要多种营养元素，而氮素尤为重要。从世界范围看，在所有必需营养元素中，氮是限制植物生长和形成产量的首要因素。它对改善产品品质也有明显作用。氮是作物体内许多重要有机化合物的组分，例如蛋白质、核酸、叶绿素、酶、维生素、生物碱和一些激素等都含有氮素。氮素也是遗传物质的基础。在所有生物体内，蛋白质最为重要，它常处于代谢活动的中心地位。

（1）蛋白质的重要组分

蛋白质是构成原生质的基础物质。应泉盛等研究发现，蛋白态氮通常可占植株全氮的80%～85%，蛋白质中平均含氮16%～18%。在作物生长发育过程中，细胞的增长和分裂以及新细胞的形成都必须有蛋白质参与。

（2）核酸和核蛋白的成分

核酸也是植物生长发育和生命活动的基础物质，核酸中含氮15%～16%。无论是在核糖核酸或是在脱氧核糖核酸中都含有氮素。核酸在细胞内通常与蛋白质结合，以核蛋白的形式存在。核酸和核蛋白在植物生命活动和遗传

变异过程中有特殊作用。应泉盛等研究发现,核酸态氮约占植株全氮的10%左右。

(3) 叶绿素的组分元素

绿色植物有赖于叶绿素进行光合作用,而叶绿素a和叶绿素b中都含有氮素。据测定,叶绿体占叶片干重的20%~30%,而叶绿体中含蛋白质45%~60%。叶绿素是植物进行光合作用的场所。

(4) 酶的组分

酶本身就是蛋白质,是体内生化作用和代谢过程中的生物催化剂。植物体内许多生物化学反应的方向和速度都是由酶系统控制的。通常,各代谢过程中的生物化学反应都必须有一个或几个相应的酶参加。缺少相应的酶,代谢过程就很难顺利进行。氮素常通过酶间接影响着植物的生长和发育。所以,氮素供应状况关系到作物体内各种物质及能量的转化过程。

(5) 其他

氮素还是一些维生素(如维生素B、维生素B_2、维生素B_6、维生素PP等)的组分,而生物碱(如烟碱、茶碱、胆碱等)和植物激素(如细胞分裂素、赤霉素等)也都含有氮。这些含氮化合物在植物体内含量虽不多,但对于调节某些生理过程却很重要。

19. 植物缺氮有哪些具体症状?

答: 当作物叶片出现淡绿色或黄色时,即表示作物有

可能缺氮。作物缺氮时,由于蛋白质合成受阻,导致蛋白质和酶的数量下降;又因叶绿体结构遭破坏、叶绿素合成减少而使叶片黄化,这些变化会使植株生长过程延缓。

苗期:由于细胞分裂减慢,苗期植株生长受阻而显得矮小、瘦弱,叶片薄而小。禾本科作物表现为分蘖少,茎秆细长;双子叶作物则表现为分枝少。

后期:若继续缺氮,禾本科作物则表现为穗短小,穗粒数少,子粒不饱满,并易出现早衰而导致产量下降。许多作物在缺氮时,自身能把衰老叶片中的蛋白质分解,释放出氮素并运往新生叶片中供其利用。这表明氮素是可以再利用的元素。因此,作物缺氮的显著特征是植株下部叶片首先退绿黄化,然后逐渐向上部叶片扩展。

作物缺氮不仅影响产量,而且使产品品质也明显下降。供氮不足致使作物产品中的蛋白质含量减少,维生素和必需氨基酸的含量也相应减少。

供应充足的氮素能促使植物叶片和茎加快生长,然而必须有适量的磷、钾和其他必需元素的存在,否则氮素再多也是不可能增产的。

20. 植物供氮过多有哪些危害?

答:在植物生长期间,供应充足而适量的氮素能促进植株生长发育,并获得高产。但是,如果整个生长期中供应过多的氮素,则常常使作物贪青晚熟。在某些无霜期短的地区,作物常因氮素过多造成生长期延长,而遭受早霜的严

重危害，这种影响不可轻视。

大量供应氮素常使细胞增长过大，细胞壁薄，细胞多汁，植株柔软，易受机械损伤和病菌侵袭。此外，过多的氮素还要消耗大量碳水化合物，这些都会影响作物的产品品质。国际学者 Rolldenier 在 1969 年提出，过量氮肥能诱发各种真菌类的病害，例如大麦褐锈病、水稻褐斑病以及小麦赤霉病等。这种危害在磷、钾肥用量低时则更为严重。但也有相反的情况，如玉米叶枯病，在提高氮肥用量时，病害却有减轻的趋势。

对叶菜类蔬菜来说，通常希望它组织柔软、新鲜脆嫩，施用适量氮肥常能达到这一目的。但对于大白菜和某些水果来说，过量施氮则会降低其储存和运输的品质。

氮素供应过多还会使谷类作物叶片肥大，相互遮阴，碳水化合物消耗过多，茎秆柔弱，容易倒伏而导致减产。棉花常因氮素过多而生长不正常，表现为株型高大、徒长、蕾铃稀少而易脱落、霜后花比例增加。再比如，甜菜块根的产糖率也会因含氮量过高而下降。

含氮量高的植物具有细胞多汁的特点，这对纤维作物来说是不利的。例如对大麻供氮过多，则表现为生物量虽有增加，但纤维产量减少，细胞壁薄，纤维拉力降低。大量施用氮肥还会提高体内硝酸盐的含量，而硝酸盐过多则会对食用者的健康产生威胁。

21. 为什么磷元素在植物生长过程中起着重要作用?

答:

(1) 构成大分子物质的结构组分

磷酸是许多大分子结构物质的桥键物,它的作用是把各种结构单元连接到更复杂的或大分子的结构上。

(2) 多种重要化合物的组分

由磷酸桥接所形成的含磷有机化合物,如核酸、磷脂、核苷酸、三磷酸腺苷等,在植物代谢过程中都有重要作用。

(3) 积极参与体内的代谢

在光合作用中,光合磷酸化作用必须有磷参加;光合产物的运输也离不开磷。在碳水化合物代谢中,许多物质都必须首先进行磷酸化作用。作为细胞壁结构成分的纤维素和果胶,其合成也需要有磷参加。此外,碳水化合物的转化也和磷有密切关系。

(4) 提高作物抗逆性和适应能力

抗旱:磷能提高原生质胶体的水合度和细胞结构的充水度,使其维持胶体状态,并能增加原生质的黏度和弹性,因而增强了原生质抵抗脱水的能力。

抗寒:磷能提高作物体内可溶性糖和磷脂的含量。可溶性糖能使细胞原生质的冰点降低,磷脂则能增强细胞对温度变化的适应性,从而增强作物的抗寒能力。越冬作物增施磷肥,可减轻冻害,安全越冬。

缓冲性：施用磷肥能提高植物体内无机态磷酸盐的含量，有时其数量可达到含磷总量的一半。这些磷酸盐主要是以磷酸二氢根（$H_2PO_4^-$）和磷酸氢根（HPO_4^{2-}）的形式存在。它们常形成缓冲系统，使细胞内原生质具有抗酸碱变化的缓冲性。当外界环境发生酸碱变化时，原生质由于有缓冲作用仍能保持在比较平稳的范围内，这有利于作物的正常生长发育。

22. 植物缺磷的症状有哪些？

答：由于磷是许多重要化合物的组分，并广泛参与各种重要的代谢活动，因此缺磷的症状相当复杂。缺磷对植物光合作用、呼吸作用及生物合成过程都有影响，对代谢的影响必然会反映在生长上。从另一个角度来看，供磷不足时，核糖核酸合成降低，并波及蛋白质的合成。缺磷使细胞分裂迟缓，新细胞难以形成，同时也影响细胞伸长，这明显影响植物的营养生长。所以从外形上看，生长延缓，植株矮小，分枝或分蘖减少。在缺磷初期叶片常呈暗绿色，这是由于缺磷的细胞其伸长受影响的程度超过叶绿素所受的影响，因而缺磷植物的单位叶面积中叶绿素含量反而较高，但其光合作用的效率却很低，表现为结实状况很差。缺磷的果树，花芽出生速率低，开放和发育慢而弱，果实质量也差。缺磷果树的叶片常呈褐色，易过早落果。

植物缺磷的症状常首先出现在老叶上，因为磷的再利用程度高，在植物缺磷时老叶中的磷可运往新生叶片中再

被利用。

缺磷的植株因为体内碳水化合物代谢受阻，有糖分积累，从而易形成花青素（糖苷）。许多一年生植物（如玉米）的茎常出现典型的紫红色症状。豆科作物缺磷时，由于光合产物的运输受到影响，其根部得不到足够的光合产物，而导致根瘤菌的固氮能力降低，植株生长也受到一定的影响。

在缺磷环境中，植物自身有一定的调节能力，如植物根系形态发生变化，表现为根和根毛的长度增加、根的半径减小，而每单位重量根的长度增加。这样可使植物在缺磷的土壤中吸收到较多的磷。根的半径减小可使根所吸收的磷更快地径向运输到导管。此外，在缺磷的情况下，某些植物还能分泌有机酸，使根际土壤酸化，从而提高土壤磷的有效性，使植物能吸收到更多的磷。

不同基因型植物的自身调节能力不同，因而对磷的利用效率也有差异，根的形态是一个重要因素。缺磷时，光合产物运到根系的比例增加，引起根的相对生长速度加快，根冠比增加，从而提高根对磷的吸收和利用。

23. 植物供磷过多有哪些危害？

答：施用磷肥过量时，由于植物呼吸作用过强，消耗大量糖分和能量，也会因此产生不良影响。例如，谷类作物的无效分蘖和瘪籽增加；叶片肥厚而密集，叶色浓绿；植株矮小，节间过短；出现生长明显受抑制的症状。繁殖器官常因磷肥过量而加速成熟进程，并由此而导致营养体小，茎叶生

长受抑制，降低产量。施磷肥过多还表现为植株地上部分与根系生长比例失调，在地上部生长受抑制的同时，根系非常发达，根量极多而粗短。此外，还会出现叶用蔬菜的纤维素含量增加、烟草的燃烧性差等品质下降的情况。施用磷肥过多还会诱发锌、锰等元素代谢的紊乱，常常导致植物缺锌症等。

24. 植物对硫的需求量为多少？

答：硫营养元素在植物蛋白质合成、代谢以及电子传递中均起着重要作用。植物需硫量因植物的种类、品种、器官和生育期不同而异。十字花科植物的需硫量较多，豆科植物次之，禾本科植物较少。这种差异也反映在子粒硫含量上，十字花科为 1.1%～1.7%，而禾本科为 0.18%～0.19%，豆科则为 0.25%～0.30%。这主要是由于十字花科作物种子富含芥子油，而芥子油中含有硫。一般认为，当植物的干物质硫含量低于 0.2%时，植物便会出现缺硫症状。

25. 植物缺硫症状的表现是什么？

答：缺硫时蛋白质合成受阻导致失绿症，其外观症状与缺氮很相似，但发生部位有所不同。雷利斌等研究表明，缺硫症状往往先出现于幼叶，而缺氮症状则先出现于老叶。缺硫时幼芽先变黄色、心叶失绿黄化、茎细弱、根细长而不

分枝、开花结实推迟、果实减少。此外，氮素供应也影响缺硫植物体内硫的分配。在供氮充分时，缺硫症状发生在新叶；而在供氮不足时，缺硫症状发生在老叶，这表明硫从老叶向新叶再转移的数量取决于叶片衰老的速率，缺氮加速了老叶的衰老，使硫得以再转移，造成老叶先出现缺硫症。缺硫的特征因作物不同而有很大的差异。豆科作物特别是苜蓿需硫比其他作物多，对缺硫敏感。苜蓿缺硫时，叶呈淡黄绿色，小叶比正常叶更直立、茎变红、分枝少。大豆缺硫时，新叶呈淡黄绿色；缺硫严重时，整株黄化，植株矮小。十字花科作物对缺硫也十分敏感，如四季萝卜常作为鉴定土壤硫营养状况的指示植物。油菜缺硫时，叶片出现紫红色斑块，叶片向上卷曲，叶背面、叶脉和茎等变红或出现紫色，植株矮小，花而不实。小麦缺硫时，新叶脉间黄化，但老叶仍保持绿色。玉米早期缺硫时，新叶和上部叶片脉间黄化；后期继续缺硫时，叶缘变红，然后扩展到整个叶面，茎基部也变红。水稻秧苗缺硫时根系明显伸长，拔秧后容易凋萎，移栽后返青慢。如果继续缺硫，叶尖干枯，叶片上出现褐色斑点，分蘖减少，抽穗不整齐，生育期推迟，空壳率增加，千粒重下降。在豆科植物缺硫初期，根瘤中固氮酶活性的幅度降低。因此，豆科植物中后期的缺硫症状与缺氮症状很难区分。

缺硫使植物体内蛋白质含量降低，其中含蛋氨酸和半胱氨酸等含硫蛋白质的数量明显下降，而其他氨基酸如精氨酸和天冬氨酸比例较高的蛋白质变化较小，有时甚至在体内出现累积现象。

缺硫不仅造成植物营养体中蛋白质含量的下降，而且使子粒中蛋白质含量明显降低。此外，缺硫禾谷类植物子粒中半胱氨酸含量的下降，会明显影响面粉的烘烤质量。

26. 硼元素在植物生长过程中起着什么作用？

答：

(1) 促进体内碳水化合物的运输和代谢

硼在葡萄糖代谢中具有调控作用。当供硼充足时，葡萄糖主要进入糖酵解途径进行代谢；供硼不足时，葡萄糖则容易进入磷酸戊糖途径进行代谢，形成酚类物质。

1-P-葡萄糖 ⟶ 6-P-葡萄糖 —
- +B → 进入以糖酵解为主的代谢途径
- −B → 进入以磷酸戊糖酵解为主的代谢途径

(2) 参与半纤维素及细胞壁物质的合成

硼酸与顺式二元醇可形成稳定的酯类。许多糖及其衍生物如糖醇、糖醛酸，以及甘露醇、甘露聚糖和多聚甘露糖醛酸等均属于这类化合物，它们可作为细胞壁半纤维素的组分；而葡萄糖、果糖和半乳糖及其衍生物（如蔗糖）不具有这种顺式二元醇的构型。

(3) 促进细胞伸长和细胞分裂

缺硼最明显的反应之一是主根和侧根的伸长受抑制，甚至停止生长，使根系呈短粗丛枝状。

(4) 促进生殖器官的建成和发育

植物的生殖器官，尤其是花的柱头和子房中硼的含量

很高。研究证明，所有缺硼的高等植物，其生殖器官的形成均受到影响，出现花而不孕。因此，硼能促进植物花粉的萌发和花粉管伸长，减少花粉中糖的外渗。硼与受精作用关系十分密切。

(5) 调节酚的代谢和木质化作用

硼对由多酚氧化酶活化的氧化系统有一定的调节作用。缺硼时，氧化系统失调，多酚氧化酶活性提高。当酚氧化成醌以后，产生黑色的醌类聚合物而使作物出现病症。如，甜菜的"腐心病"和萝卜的"褐腐病"等都是醌类聚合物积累所引起的。

(6) 提高豆科作物根瘤的固氮能力

硼可以提高豆科作物根瘤的固氮能力并增加固氮量，这与硼充足时能改善碳水化合物的运输，为根瘤提供更多的能源物质有关。有资料报道，缺硼时，植物根部维管束发育不良，影响碳水化合物向根部运输，根瘤因得不到充足的碳源，最终导致固氮能力下降。

此外，硼还能促进核酸和蛋白质的合成及生长素的运输，在提高作物抗旱性等方面也有一定的作用。

27. 植物缺硼的症状有哪些?

答：由于硼具有多方面的营养功能，因此植物的缺硼症状也多种多样。缺硼植物的共同特征可归纳为：

(1) 茎尖生长点生长受抑制，严重时枯萎，直至死亡。

(2) 老叶叶片变厚变脆、畸形，枝条节间短，出现木栓

化现象。

(3) 根的生长发育明显受影响,根短粗兼有褐色。

(4) 生殖器官发育受阻,结实率低,果实小,畸形,缺硼导致种子和果实减产,严重时有可能绝收。

对硼比较敏感的作物常会出现许多典型症状,如甜菜"腐心病"、油菜的"花而不实"、棉花的"蕾而不花"、花椰菜的"褐心病"、小麦的"穗而不实"、芹菜的"茎折病"、苹果的"缩果病"等。总之,缺硼不仅影响产量,而且明显影响品质。

由于硼在植物体内的运输明显受蒸腾作用的影响,因此硼中毒的症状多表现在成熟叶片的尖端和边缘。当植物幼苗含硼过多时,可通过吐水方式向体外排出部分硼。

28. 钾元素对植物的生长有什么重要作用?

答:钾有高速度透过生物膜,且与酶促反应关系密切的特点。钾不仅在生物物理和生物化学方面有重要作用,而且对体内同化产物的运输和能量转变也有促进作用。

(1) 促进光合作用,提高二氧化碳的同化率

在二氧化碳同化的整个过程中都需要有钾参加。用菠菜的叶绿体做试验时发现,施钾提高了二氧化碳同化的速率。改善钾营养不仅能促进二氧化碳的同化,而且能促进植物在二氧化碳浓度较低的条件下进行光合作用,使植物更有效地利用太阳能。

①钾能促进叶绿素的合成。试验证明,供钾充足时,莴

苣、甜菜和菠菜叶片中叶绿素含量均有提高。

②钾能改善叶绿体的结构。缺钾时，叶绿体的结构易出现片层松弛而影响电子的传递和二氧化碳的同化。

③钾能促进叶片对二氧化碳的同化。一方面由于钾提高了三磷酸腺苷的数量，为二氧化碳的同化提供了能量；另一方面是因为钾能降低叶内组织对二氧化碳的阻抗，因而能明显提高叶片对二氧化碳的同化。

(2) 促进光合作用产物的运输

钾能促进光合作用产物向储藏器官运输，增加“库”的储存量。闫春娟等特别指出，对于没有光合作用功能的器官来说，它们的生长及养分的储存，主要靠同化产物从地上部向根或果实中运转。这一过程包括蔗糖由叶肉细胞扩散到组织细胞内，然后被泵入韧皮部，并在韧皮部筛管中运输。钾在此运输过程中有重要作用。

(3) 促进蛋白质合成

钾通过对酶的活化作用，从多方面对氮素代谢产生影响。钾促进蛋白质和谷胱甘肽的合成。当供钾不足时，植物体内蛋白质的合成减少，可溶性氨基酸含量明显增加。

(4) 参与细胞渗透调节作用

钾对调节植物细胞的水势有重要作用。植物对钾的吸收有高度的选择性，因此钾能顺利地进入植物细胞内。进入细胞内的钾不参加有机物的组成，而是以离子的状态累积在细胞质的溶胶和液泡中。

国际学者 Mengel 曾指出，在作物的生长过程中，对缺钾最敏感的是幼嫩组织的膨压。缺钾常表现为幼嫩组织的

膨压下降，植物的生长势差，干物质产量降低。幼嫩组织需钾量高的原因之一就在于钾能维持胶体处于正常状态以及保持细胞有较高的水势梯度。

(5) 调控气孔运动

作物的气孔运动与渗透压、压力势有密切的关系，植物体内积累大量的钾，能提高细胞的渗透势，增加膨压，气孔增大。

(6) 激活酶的活性

目前已知有60多种酶需要一价阳离子来活化，而其中钾离子是植物体内最有效的活化剂。所以供钾水平明显影响植物体内碳、氮代谢作用。

(7) 促进有机酸代谢

钾有促进有机酸代谢的功能，同时也有利于对硝酸根的吸收。钾明显提高植物对氮的利用，也促进了植物从土壤中吸取氮素。

(8) 增强植物的抗逆性

钾有多方面的抗逆功能，它能增强作物的抗旱、抗高温、抗寒、抗病、抗盐、抗倒伏等的能力，从而提高其抵御外界恶劣环境的忍耐能力。这对作物稳产、高产有明显作用。

29. 植物缺钾一般有什么症状?

答：根据电子显微镜观察，植物缺钾时细胞形态有明显变化，其组织中常出现细胞解体，死细胞很多。闫春娟等发现，缺钾时，植物外形也有明显的变化。由于钾在植物体

内流动性很强，能从成熟叶和茎中流向幼嫩组织进行再分配，因此植物生长早期，不易观察到缺钾症状，即处于潜在性缺钾阶段。此时往往使植物生活力和细胞膨压明显降低。表现出植株生长缓慢、矮化。缺钾症状通常在植物生长发育的中、后期才表现出来。严重缺钾时，首先在植株下部老叶上出现失绿并逐渐坏死，叶片暗绿无光泽。双子叶植物叶脉间先失绿，沿叶缘开始出现黄化或有褐色的斑点或条纹，并逐渐向叶脉间蔓延，最后发展为坏死组织。单子叶植物叶尖先黄化，随后逐渐坏死。植物出现褐色坏死组织与缺钾体内有腐胺积累有关。

植物缺钾时，根系生长明显停滞，细根和根毛生长很差，易出现根腐病。缺钾植株的维管束木质化程度低，厚壁组织不发达，常表现出组织柔弱而易倒伏。缺钾的植物叶片气孔不能开闭自如，因此在水分胁迫的条件下，尤其是高温、干旱的季节，植株失水多而出现萎蔫。在大豆结荚成熟后，植株仍保持绿色，是缺钾的典型症状。在供氮过量而钾不足时，双子叶植物叶片上，常会出现叶脉紧缩而脉间凹凸不平的现象。这是由于氮素充足使细胞内原生质汁液丰富，钾不足使纤维素合成受阻所致。

30. 钙元素对植物有哪些营养功能?

答:

(1) 稳定细胞膜

钙能稳定生物膜结构，保持细胞的完整性。其作用机

理主要是依靠它把生物膜表面的磷酸盐、磷酸酯与蛋白质的羧基桥接起来。

(2) 稳固细胞壁

钙离子主要分布在中胶层和原生质膜的外侧，这一方面可增强细胞壁结构和细胞间的黏结作用，另一方面则对膜的透性和有关的生理生化过程起着调节作用。

(3) 促进细胞伸长和根系生长

在无钙离子的介质中，根系的伸长在数小时内就会停止。

(4) 参与第二信使传递

钙能结合在钙调蛋白上对植物体内许多酶起活化功能，并对细胞代谢起调节作用。

(5) 起渗透调节作用

在有液泡的叶细胞内，大部分钙离子存在于液泡中，对液泡内阴阳离子的平衡有重要作用。

(6) 起酶促作用

钙离子对细胞膜上结合的酶，如 Ca－ATP 酶非常重要。该酶的主要功能是参与离子和其他物质的跨膜运输。

31. 植物对钙的需求是多少？如果缺钙有什么症状？

答：植物对钙的需要量因作物种类和遗传特性的不同而有很大的差异。许仙菊等研究发现，在同一条件下进行的培养试验表明，黑麦草最佳生长时期所需介质中钙离子

的浓度为2.5微摩尔/升，而番茄则为100微摩尔/升，二者相差40倍。黑麦草最佳生长时期植株的含钙量为0.7毫克/克，而番茄为12.9毫克/克，相差18.4倍，可见各种作物对钙的需求量悬殊。

一般认为，在土壤交换性钙的含量大于1微摩尔/100克时，作物不会缺钙。但在过去的30多年中，对植物缺钙现象的报道连续不断。国际学者Shear详细总结了35种不同类型植物的缺钙症后指出，缺钙时植物生长受阻，节间较短，因而一般较正常生长的植株矮小，而且组织柔软。缺钙植株的顶芽、侧芽、根尖等分生组织首先出现缺素症，易腐烂死亡，幼叶卷曲畸形，叶缘开始变黄并逐渐坏死。例如：缺钙使甘蓝、白菜和莴苣等出现叶焦病；番茄、辣椒、西瓜等出现脐腐病，苹果出现苦痘病和水心病。

在北方富含钙的石灰性土壤上，植物由于生理性缺钙也会造成上述病症。由于钙在木质部的运输能力常常依赖于蒸腾强度的大小，因此，老叶中常有钙的富集，而植株顶芽、侧芽、根尖等分生组织的蒸腾作用很弱，依靠蒸腾作用供应的钙就很少。同时，钙在韧皮部的运输能力很小，所以，老叶中富集的钙也难以运输到幼叶、根尖或新生长点中去，致使这些部位首先缺钙。肉质果实的蒸腾量一般都比较小，因此，极易发生缺钙现象，但蒸腾作用不是决定钙离子长距离运输的唯一因子。在甘蓝类包叶蔬菜中，白天老叶的蒸腾量大，钙多向外层叶片输送，夜晚外层叶片蒸腾作用基本停止，但在根压的作用下水分向地上部运输，由于夜晚心叶的吸水作用，大部分钙可进入新叶，从而使水分和钙

的运输呈现明显的昼夜节律性变化。

32. 镁元素对植物有哪些营养功能?

答:

(1) 叶绿素合成及光合作用

镁的主要功能是作为叶绿素a和叶绿素b卟啉环的中心原子,在叶绿素合成和光合作用中起重要作用。

(2) 蛋白质的合成

镁的另一重要生理功能是作为核糖体亚单位联结的桥接元素,能保证核糖体稳定的结构,为蛋白质的合成提供场所。叶片细胞中有大约75%的镁是通过上述作用直接或间接参与蛋白质合成的。

(3) 酶的活化

植物体中一系列的酶促反应都需要镁或依赖于镁进行调节。镁在ATP或ADP的焦磷酸盐结构和酶分子之间形成一个桥梁,大多数ATP酶的底物是Mg-ATP。

33. 植物对镁的需求是多少?缺镁时植物会出现哪些症状?

答:徐畅等研究表明,农作物对镁的吸收量平均为10~25千克/公顷。块根作物的吸收量通常是禾谷类作物的2倍,甜菜、马铃薯、水果和设施栽培的作物特别容易缺镁。植物体镁的临界浓度因植物种类、品种、器官和发育时期不

同而有很大差异。单子叶植物镁临界值比双子叶植物低。一般来说,当叶片含镁量大于0.4%时是充足的。

当植物缺镁时,其突出表现是叶绿素含量下降,并出现失绿症。由于镁在韧皮部的移动性较强,缺镁症状常常首先表现在老叶上,如果得不到补充,则逐渐发展到新叶。缺镁时,植株矮小,生长缓慢。双子叶植物叶脉间失绿,并逐渐由淡绿色转变为黄色或白色,还会出现大小不一的褐色或紫红色斑点或条纹;严重缺镁时,整个叶片出现坏死现象。禾本科植物缺镁时,叶基部叶绿素积累出现暗绿色斑点,其余部分呈淡黄色;严重缺镁时,叶片退色而有条纹,特别典型的是在叶尖出现坏死斑点。

缺镁降低光合产物从“源”(如叶)到“库”(如根、果实或储藏块茎)的运输速率。缺镁对根系生长的影响要比对地上部大得多,从而导致根冠比的降低。

缺镁时,储藏组织(如马铃薯块茎)的淀粉含量和谷物的单穗粒重均下降。这些影响主要是由于碳水化合物减少,淀粉合成受阻以及同化产物的分配紊乱所致。缺镁造成豆科植物根瘤中碳水化合物供应量降低,从而降低固氮率。

34. 什么情况下容易出现缺镁现象?缺镁还会带来哪些不利影响?

答:在砂质土壤、酸性土壤、钾离子和铵离子含量较高的土壤中容易出现缺镁现象。砂土不仅镁本身含量不高,

而且淋失比较严重；而酸性土壤除了淋失以外，氢离子、铝离子等离子的拮抗作用也是造成缺镁的原因之一；高浓度的钾离子和铵离子对镁离子的吸收有很强的拮抗作用。因此，增施镁肥、改良土壤、平衡施肥是矫正缺镁现象所必需的。中国科学院南京土壤研究所谢建昌等在江西省红壤上进行的试验表明，每亩施用 1 千克硫酸镁，可使大豆、花生等作物增产 20%左右。

由于镁在植物体内的移动性较好，镁肥既可做底肥，亦可做根外追肥。在大多数情况下，提高镁的含量能改善植物的营养品质。例如，施镁肥能防治饲用牧草镁含量不足引起的牲畜痉挛病等，因此种植牧草需要注意补充镁肥。在集约化农业生产中，作物镁含量呈下降趋势；与缺镁有关的失调症，如葡萄茎腐病时有发生；由于酸雨的淋溶作用，使森林缺镁现象日趋严重，将造成严重的生态问题。饮食中镁离子摄取量的不足，造成大约 13%的人缺镁，导致缺镁综合病症。

35. 什么是营养诊断？为什么要对植物进行营养诊断？

答：营养诊断是通过植株分析、土壤分析及其他生理生化指标的测定，以及植株的外观形态观察等途径对植物营养状况进行客观的判断，从而指导科学施肥、改进管理措施的一项技术。通过营养诊断技术判断植物需肥状况是进行科学施肥的基础，在此前提下，才可以对症下药，做到平

衡合理施肥。可见营养诊断是果树、蔬菜及花卉等园艺植物生产管理中的一项重要技术。

36. 诊断植物营养状态的方法有哪些?

答:对植物进行营养诊断的主要方法有形态诊断、化学诊断、施肥诊断和酶学诊断等。在生产实践中,前3种途径应用较多,而理化性状测定受仪器、技术等多种条件的限制,还不能广泛地应用于生产实践。

(1) 形态诊断

蔬菜等缺乏某种元素时,一般都在形态上表现出特有的症状,即所谓的缺素症,如失绿、现斑、畸形等。由于元素不同、生理功能不同,症状出现的部位和形态常有各自的特点和规律。

(2) 化学诊断

用化学分析方法,分析植物、土壤的元素含量,与预先拟定的含量标准比较,或就正常与异常标本进行直接的比较而做出丰缺判断。化学诊断法有叶片分析诊断、组织速测诊断、土壤分析诊断等。

(3) 施肥诊断

田间施肥诊断是对其他营养诊断方法的实际验证,长期的定位试验更能准确地表示植物对肥料的实际反应。施肥诊断法有根外施肥法、抽检试验法等。

(4) 酶学诊断

许多元素是酶的组成或活性剂,所以当缺乏某种元素

时，与该元素有关的含量或活性剂就发生变故，故测定其数量或活性可以判定这种元素的丰缺情况。

37. 从植物形态角度如何诊断其营养状态？

答：由于元素在植物体内移动性的难易有别，失绿开始的部位不同。一些容易移动的元素如氮、磷、钾及镁等，当植物体内呈现不足时，就会从老组织移向新生组织，因此缺乏症最初总是在老组织上先出现。

相反，一些不易移动的元素如铁、硼、钙、钼等其缺乏症则常常从新生组织开始表现。铁、镁、锰、锌等直接或间接与叶绿素形成或光合作用有关，缺乏时一般都会出现失绿现象；而如磷、硼等和糖类的转运有关，缺乏时糖类容易在叶片中滞留，从而有利于花青素的形成，常使植物茎叶带有紫红色泽；硼和开花结实有关，缺乏时花粉发育、花粉管伸长受阻、不能正常受精，就会出现“花而不实”。而新生组织，生长点萎缩、死亡，则是由与细胞膜形成有关的元素钙、硼缺乏时细胞分裂过程受阻碍有关。畸形小叶－小叶病是缺乏锌致使生长激素不足所致，等等。这种外在表现和内在原因的联系是形态诊断的依据。形态诊断不需要专门的仪器设备，主要凭目视判断，所以经验在其中起重要作用。正因为如此，当蔬菜缺乏某种元素而不表现该元素的典型症状或者与另一种元素有着共同的特征时就容易误诊。因此形态诊断的同时还需要配合其他的检验方法。尽管如此，这一方法在实践中仍有其重要意义，尤其是对某些具有

特异性症状的缺乏症。

表 8　植物缺乏矿质营养元素的病症检索表

<table>
<tr><th>病</th><th>症</th><th>植物病症</th><th>缺乏元素</th></tr>
<tr><td rowspan="5">老叶病症</td><td rowspan="2">病症常遍布整株，基部叶片干焦和死亡</td><td>植株浅绿，基部叶片黄色，干燥时呈褐色，茎短而细</td><td>氮</td></tr>
<tr><td>植株深绿，常呈红或紫色，基部叶片黄色，干燥时暗绿，茎短而细</td><td>磷</td></tr>
<tr><td rowspan="3">病症常限于局部，杂色或缺绿，叶缘杯状卷起或卷皱</td><td>叶杂色或缺绿，有时呈红色，有坏死斑点，茎细</td><td>镁</td></tr>
<tr><td>叶杂色或缺绿，叶尖和叶缘有坏死斑点</td><td>钾</td></tr>
<tr><td>坏死斑点大而普遍出现于叶脉间，最后出现于叶脉，叶厚，茎短</td><td>锌</td></tr>
<tr><td rowspan="6">嫩叶病症</td><td rowspan="2">顶芽死亡，嫩叶变形和坏死</td><td>嫩叶初呈勾状，后从叶尖和叶缘向内死亡</td><td>钙</td></tr>
<tr><td>嫩叶基部浅绿，从叶基起枯死，叶捻曲</td><td>硼</td></tr>
<tr><td>顶芽仍活但缺绿或萎蔫</td><td>嫩叶萎蔫，无失绿，茎尖弱</td><td>铜</td></tr>
<tr><td>嫩叶不萎蔫，有失绿</td><td>坏斑点小，叶脉仍绿</td><td>锰</td></tr>
<tr><td rowspan="2">有或无坏死斑点</td><td>叶脉仍绿</td><td>铁</td></tr>
<tr><td>叶脉失绿</td><td>硫</td></tr>
</table>

38. 营养元素缺乏症相似时，如何辨别？

答：有的植物营养元素的缺乏症状很相似，容易混淆。

例如缺锌、缺锰、缺铁和缺镁的主要症状都是叶脉间失绿，有相似之处，但又不完全相同，可以根据各元素的缺乏症状的特点来辨识。辨别微量元素缺乏症状有三个着眼点，就是叶片大小、失绿的部位和反差强弱，分析如下：

（1）叶片大小和形状

缺锌的叶片小而窄，在枝条的顶端向上直立呈簇生状。缺乏其他微量元素时，叶片大小正常，没有小叶出现。

（2）失绿的部位

缺锌、缺锰和缺镁的叶片，只有叶脉间失绿，叶脉本身和叶脉附近部位仍然保持绿色。而缺铁叶片，只有叶脉本身保持绿色，叶脉间和叶脉附近全部失绿，因而叶脉形成了细的网状。严重缺铁时，较细的侧脉也会失绿。缺镁的叶片，有时在叶尖和叶基部仍然保持绿色，这是与缺乏微量元素显著不同的。

（3）反差

缺锌、缺镁时，失绿部分呈浅绿、黄绿以至于灰绿，中脉或叶脉附近仍保持原有的绿色。绿色部分与失绿部分相比较时，颜色深浅相差很大，即反差很强。缺铁时叶片几乎成灰白色，反差更强。而缺锰时反差很小，是深绿或浅绿色的差异，有时要迎着阳光仔细观察才能发现，与缺乏其他元素显著不同。

此外，各微量元素的缺乏情况也可以根据土壤类型加以区别：缺锰或缺铁一般发生在石灰性土壤上，缺镁只出现在酸性土壤上只有缺锌会出现在石灰性土壤和酸性土壤上。

39. 什么是植物组织分析诊断？诊断依据是什么？

答：植物的生长除受光照、温度与供水等环境因素影响外，还与必需营养元素的供应量密切相关。植物养分浓度与产量密切相关，因此植物组织养分浓度可以作为判断植物营养丰缺水平的重要指标。20 世纪 70 年代以前，国际学者 Liebig（1843）的“最小养分律”，Macy（1936）及 Ulrich 和 Hills（1967）的“临界百分比浓度”，Sher（1946）的“养分平衡”及 Kenworthy（1966）的“标准值”等理论为准确进行植物组织分析营养诊断奠定了基础。20 世纪 70 年代以后，植物组织分析营养诊断方法又出现了突破性的进展，Beaufils（1973）的“营养诊断与施肥建议综合法（简称 DRIS）”，Walworth（1986）的“M－DRIS 法”及 Montanes（1993）的“适宜值偏差百分数法（简称 DOP）”，进一步丰富和发展了植物营养诊断。这一切都为准确进行植物组织分析营养诊断奠定了坚定的理论基础，极大地推动了植物组织分析营养诊断方法的发展。

40. 植物组织分析诊断在我国植物营养分析领域的应用前景如何？

答：目前，在植物生长期间的植物营养分析已经发展成为一项较为成熟的诊断技术。许多国家，如英国、德国、

澳大利亚和美国都已成功地应用该项技术来指导植物生产；我国林学工作者也应用该项技术来指导栗树、松树、毛竹、桉树、银杏等生产。大量研究结果表明，叶片是营养诊断的主要器官。养分供应的变化在叶片上的反应比较明显，叶分析是营养诊断中最易做到标准化的定量手段，但有时仅凭元素总含量还难以说明问题，尤其是钙、铁、锌、锰、硼等特别易于在果实和叶片中表现生理失活的元素，往往总量并不低，而是由于丧失了运输或代谢功能上的活性导致缺素症状的发生。因此，除了叶片分析外，还可根据不同的诊断目的，运用其他植物器官的分析，或相对于全量分析的“分量”分析，以及组织化学、生物化学分析和生理测定手段。

41. 什么是土壤分析诊断？它在植物营养诊断分析中有何优势与局限？

答：通过分析土壤质地、有机质含量、pH、全氮和硝态氮含量及矿质营养的动态变化水平，提出土壤养分的供应状况、植物吸收水平及养分的亏缺程度，从而选择适宜的肥料补充养分之不足。

土壤分析是应用化学分析方法来诊断树体营养时最先使用的方法。植物组织分析反映的是植物体的营养状况，而通过土壤（基质）分析则可判断土壤环境是否适宜根系的生长活动，即土壤提供生长发育的条件。土壤分析可提供土壤的理化性质及土壤中营养元素的组成与含量等诸多信

息，从而使营养诊断更具针对性，也可以做到提前预测，同时该法还具有诊断速度快、费用低、适用范围广等优点。

但是，唐菁等大量研究表明，土壤中元素含量与树体中元素含量间并没有明显的相关关系，因而土壤分析并不能完全回答施多少肥的问题；所以只有同其他分析方法相结合，才能起到应有的作用。此外，采用土壤分析进行营养诊断会受到多种因素，如天气条件、土壤水分、通气状况、元素间的相互作用等影响，使得土壤分析难以直接准确地反映植株的养分供求状况。

总体上，土壤分析可以为外观诊断及其他诊断方法提供一些提示和线索，提出缺素症的限制因子，印证营养诊断的结果。

42. 什么是田间施肥诊断？它在植物营养诊断分析中有何局限？

答：初步确定营养元素缺乏或过量后，可以用补充施肥或在田间实验减少施肥的方法进一步证实。最简单的方法如叶面涂抹或喷施尿素，可以很快看出植株是否缺氮的症状消失。因此，田间施肥试验是寻找植物施肥依据的基本方法，也是对其他营养诊断方法的实际验证，特别是长期的定位试验更能准确地表示树体对肥料的实际反应。我国林学工作者在这方面做了大量的工作，为促进林木的速生丰产起了很大的作用。但是肥料试验由于统计学上的要求及植物（尤其是林木）个体差异大的特点，要花费大量的人

力、物力，且由于这种试验统计模式本身的局限性，往往结果不能外推，试验结果就失去了普遍性的意义。

43. 怎样进行根外施肥诊断？一般在什么情况下应用？

答：根外施肥诊断，就是将认为有可能缺乏的某种或几种元素的肥料配成一定浓度的溶液，喷到病株上，或将病株上的一两张叶片剪去中脉两边大部分叶肉，立即把剪后的叶片浸入营养液中1～2小时后取出(可以用试管装入溶液扎在树枝上)，一周后观察根外施肥的病株的生长及叶片，与病症作对照，细心进行比较。如果喷施某种营养元素后，生长恢复正常，叶片颜色恢复正常，即可确诊该作物缺乏该元素，否则是缺乏另外的营养元素。当从植物外形无法确诊缺乏什么元素时，采用根外施肥诊断可得到满意的结果。

轮作技术篇

44. 什么是轮作？轮作有什么作用？

答：轮作是指在同一田地上有顺序地轮种不同作物的种植方式。

俗语说“倒茬如上粪”，“庄稼要想好，三年两头倒”，说明合理轮作有助于抑制杂草及病虫害，也有利于改善植物养分的供给，防止土壤流失，降低水资源的污染。因此，作物轮作是可持续农作制度的一项核心内容。不同的生产技术水平、农业发展阶段，轮作的主要目的不同。

45. 轮作可以分为哪几类？

答：轮作因采用的方式不同，分为定区轮作与非定区

轮作(即换茬轮作)。定区轮作通常规定轮作田区的数目与轮作周期的年数相等,有较严格的作物轮作顺序,定时循环,同时进行时间和空间上(田地)的轮换。在我国多采用不定区的或换茬式轮作,即轮作中的作物组成、比例、轮换顺序、轮作周期年数、轮作田区数和面积大小均有一定的灵活性。轮作的命名决定于该轮作中的主要作物构成,一般被命名的作物群应占轮作田区 1/3 以上。常见的轮作有禾谷类轮作、禾豆轮作、粮食和经济作物轮作、水旱轮作、草田(或田草)轮作等。

46. 什么是连作？连作有哪些危害？

答:连作指连年在同一田地上种植同一种作物或同一复种方式。这是一种落后的种植制度,容易造成地力消减,病虫杂草滋生,产量降低,品质变劣。

(1) 土壤养分偏耗

不同作物吸收土壤中的营养元素的种类、数量及比例各不相同,根系深浅与吸收水肥的能力也各不相同。长期种植一种作物,因其根系总是停留在同一水平上,该作物大量吸收某种特需营养元素后,就会造成土壤养分的偏耗,使土壤营养元素失去平衡,不利于继续种植同种作物。

(2) 有毒物质积累

作物生长过程中的根系和叶片的分泌物以及残体腐解所产生的物质,有的对自身的生长有抑制作用。如,大豆根系分泌氨基酸较多,使土壤噬菌体增多,它们分泌的噬菌素

也随之增多,从而影响根瘤的形成和固氮能力,这是大豆连作减产的重要原因之一。

此外,长期种植某一种作物,使得农田土壤长期处于一种理化(如厌氧)条件下,也会发生有毒物质(如还原性铁、锰等)的累积。

(3) 土壤物理性质恶化

由于耕作、施肥、灌溉等方式固定不变,会导致土壤理化性质恶化,有机质分解缓慢,有益微生物和数量减少。如南方连作稻田的潜育化。

(4) 病虫草害加重

每种作物都有一些寄生性的病虫和伴生性的杂草,如黄瓜的霜霉病、根腐病、跗线螨,番茄的病毒病、晚疫病,辣椒的青枯病、立枯病,大豆的菟丝子等。连作可使这些病虫草循环感染。

47. 为什么轮作有利于防治病虫害?

答:采用轮作防治病虫害,尤其土传病害,具有无污染、低成本等优势。

(1) 换种非寄主作物,使土壤中的病原逐渐减少和消亡。合理轮作换茬,可以使那些寄生性强、寄主植物种类单一及迁移能力小的病虫因食物条件恶化和寄主的减少而大量死亡。腐生性不强的病原物如马铃薯晚疫病菌等由于没有寄主植物而不能继续繁殖。

(2) 利用前作的根际微生物和根系分泌物抑制后作病

害的发生，如甜菜、胡萝卜、洋葱、大蒜等根系分泌物可抑制马铃薯晚疫病发生。

(3) 通过前后茬作物管理措施和田间环境条件(养分、水分、通气状况)的剧烈变化而达到抑制和消灭病原的效果。

(4) 轮作可以促进土壤中对病原物有拮抗作用的微生物的活动，从而抑制病原物的滋生。

48. 为什么轮作有利于防除农田杂草?

答:

(1) 通过换种非寄主作物，使寄生性杂草(如大豆菟丝子)种子发芽后找不到寄主而死亡。

(2) 利用前作的根系分泌物抑制后作杂草的发生，如小麦根系的分泌物可以抑制茅草的生长。

(3) 换种不同类型的作物，使生态适应性或形态与作物相似的伴生性杂草(如麦田野燕麦、毒麦，稻田的稗草，谷子地的狗尾草等)容易结合土壤耕作等田间管理措施而得以防除。

(4) 通过水旱轮作，使前后茬作物田间环境条件发生剧烈变化，从而达到抑制和消灭杂草的效果。这一措施对防除多年生恶性杂草效果非常好。

49. 为什么轮作可以调养地力?

答: 通过轮作制度以田养田，生物养田。

(1) 利用豆科作物和红萍固氮，把用地和养地结合起来。植物秸秆对土壤养分的归还率以钾为最高，其次是氮和磷。作物秸秆中的氮素在秸秆碳氮比小于35的情况下可以为当季作物利用，秸秆中磷素的当季利用率也在10%以下，但是秸秆中的钾素大多为水溶性钾(高达70%)，可以有效补给当季作物的钾素供应。在有豆科作物轮作系统中，由于生物固氮作用，秸秆还田后氮的归还率提高。

(2) 均衡利用土壤养分和水分：禾谷类作物对氮、磷、硅吸收较多，对钙吸收较少，而豆科作物对钙、磷、氮吸收较多，对硅吸收较少。

(3) 改善土壤的物理化学特性和微生物状态。

(4) 通过改变农田生态条件，改善土壤理化特性，增加生物多样性。通过水旱轮作，使水田的土壤得以脱水产生干土效应。

在有豆科作物轮作系统中，由于生物固氮作用，秸秆还田后氮的归还率提高(表9)。除去从土壤中吸收的氮素，稻—稻—紫云英轮作中生物固氮量占两季稻需氮量的26%，花生—油菜轮作中占油菜需氮量的150%。

表9 红壤区不同轮作系统中作物的养分积累量(千克/公顷)

轮作组合	作物	氮	磷	钾
稻—稻—油菜	全部	195.0	43.7	212.9
	秸秆	66.0	10.0	183.0
稻—稻—大麦	全部	187.5	38.0	217.9
	秸秆	61.5	6.5	166.8

续 表

轮作组合	作物	氮	磷	钾
稻—稻—紫云英	早晚稻	433.5	76.0	288.8
	紫云英	163.5	17.7	102.1
花生—油菜	花生	97.5	9.8	34.9
	油菜	39.0	13.1	36.1

50. 茬口指什么？为什么轮作可以调节作物茬口季节？

答：茬口是指一块地上栽种的前后季作物及其替换次序的总称。前季作物称为前茬，后季作物称为后茬。狭义的茬口指前茬。在作物轮作或连作中，影响后作物生长的前茬作物及其迹地的泛称。现已成为农业生产术语。如，种小麦的田称麦茬田，小麦收后种棉花称麦茬棉。小麦为棉花的前茬（前作），棉花为小麦的后茬（后作）。不同作物轮作时称换茬或倒茬，同一作物连作时称重茬。安排作物轮换次序称茬口安排。

将生育期不同、茬口季节早晚不同的作物轮换以及同种作物熟期不同的品种搭配种植，有利于错开农忙季节，避免或缓和劳力紧张，保证各项农事作业如期完成，使各种作物都处于最佳的生长季节，从而获得高产高效。

51. 什么是轮作制度？建立轮作制度的基本步骤是什么？

答：由若干个轮作组成的、能够体现作物布局要求的轮作总体称为轮作制度。轮作（制度）一般以其中的主要作物（占 1/3 以上）来命名。例如，小麦—玉米→小麦—大豆→棉花这种方式，不宜称为粮豆（或禾豆）轮作，而应称为粮棉轮作。

建立轮作制度的基本步骤包括：

（1）根据作物结构确定轮作组合中的作物组成：应包括不同类型的作物，如禾本科与十字花科，禾本科与豆科，水与旱作物之间换茬效果较好；

（2）安排轮作顺序，排除特异不适应的作物。

52. 各类作物有何茬口特性？

答：

（1）禾谷类作物的茬口特性如下

①生物量大，因此可能带走的养分多，用于还田的有机质料亦多；

②碳氮比高，分解缓慢，还田有利于提高土壤有机质含量；

③吸收氮、磷较多，钾较少；

④须根系，入土较浅，根量集中；

⑤土传病虫害少。

(2) 豆类作物的茬口特性如下

①共生固氮，尤其对瘠薄地，是降低生产成本和减少氮流失的重要手段；

②自然归还率高，占生物量的30%～40%；

③碳氮比低，易分解；

④能够利用难溶性的磷酸盐、活化钾、钙。钙与腐殖质结合是形成土壤结构的胶结剂，因而可改善土壤结构状况；

⑤需要钾、钙较多，养分总量较少；

⑥不耐连作，前作宜为禾谷类和薯类。

(3) 纤维油料作物的茬口特性如下

①归还率高(自然+饼粕)，被视为半养地作物；

②经济作物，施肥较多；

③油菜能够改善土壤物理状况和养分供应；

④芝麻腾茬早，是小麦的好前茬。

(4) 块根块茎类作物的茬口特性如下

①生物量大；

②养分需要多，特别是钾；

③土壤疏松，对后作有利；

④不宜连作，否则加重茄科软腐病、疮痂病，甘薯黑斑病，甜菜褐斑病等危害。

(5) 绿肥牧草作物的茬口特性如下

多为豆科作物，是多种作物的好前茬，对后作一般都表现增产的作用。

（6）休闲的茬口特性如下

休闲是一种特殊的茬口，在干旱地区有重要的作用。后季作物一般是当地的主要作物或经济作物。

西北谚语：“你有万石粮，我有歇茬地。”

休闲浪费光、热、土地资源，因此，随着生产条件的改善和技术水平的提高，应用越来越少。

53. 轮作换茬的基本依据是什么？

答：轮作换茬的基本依据是茬口顺序的合理安排。茬口顺序安排原则：瞻前顾后，统筹安排，整体高效。要求做到：为主要作物安排其最好的茬口，充分发挥养地作物的后效。在具体实践中需要注意以下几点：

（1）烟草不与茄科和十字花科作物轮作，提倡与禾本科作物轮作，水稻产区以水旱轮作为最好。在烟草马铃薯病毒病严重的地区要禁止与马铃薯、油菜等马铃薯Y病毒中间寄主间作或邻作。

（2）马铃薯是茄科作物，不能与烟草、茄子、番茄、辣椒等茄科作物轮作，否则茄科作物共有病害如青枯病、疫病、癌肿病、病毒病等危害严重；也不能与甘薯等块根作物轮作，以免其共同病害疮痂病、线虫病等危害严重。宜与禾谷类、豆类作物、纤维作物轮作，轮作年限在3年以上。

（3）叶菜类、十字花科蔬菜作物根系分泌有机酸，可使土壤中难溶性的磷得以溶解和吸收，具有富集土壤磷的功能。多数作物难以吸收固定在土壤中的磷。

（4）高粱除吸肥力强、需肥量大外，其根系分泌物可抑制小麦等其他作物生长，所以对大多数作物来说，高粱前茬不好。

（5）十字花科作物连作、植苗密度大、排水不良时容易发生霜霉病，最好同非十字花科的作物轮作。

（6）花生发生茎腐病后，要与其他作物轮作2—3年，但不要和感病的棉花、大豆轮作。

（7）小豆忌连作，注意轮作倒茬，一般轮作3—4年必须倒茬一次。

54. 轮作类型有哪几类？各有什么特点？

答：根据轮作中主要的作物类型、主要特点或主要技术措施轮作（制度），可以将轮作制度分为草田轮作、水旱轮作、休闲轮作、分带轮作等。

（1）水旱轮作

可显著改善土壤的理化性状和有效防除病虫草害。例：

蔗稻轮作：水田蔗区甘蔗主要与水稻、小麦、油菜、蚕豆、蔬菜等作物轮作。实行稻蔗轮作，除具有水旱轮作一般优点外，水稻可利用剩余养料和蔗根等有机残余物，土壤也较疏松，利于增产；水稻收获后，留在田里的稻根和稻秆，可增加土壤有机质和钾的含量，对甘蔗生长也有利。

（2）藏区的休闲轮作制

实行耕三（年）休一或耕二休一制。农田休耕的一年

中，深翻两次，以消灭杂草，疏松土壤，利于吸纳水分和提高地温，促进土壤养分释放。

典型的例子：青稞→马铃薯→油菜、燕麦→休闲。

(3) 草田轮作

一年生作物与多年生牧草轮作，具有显著增加土壤有机质和氮素的作用。适合在人均耕地较多的半农半牧区应用，在欧洲、北美洲、澳洲分布较多。

(4) 分带轮作

地按一定宽度划分为若干带，在同一带上种植两种或两种以上作物，下季再在带中轮换种植不同作物，从而实现一年多熟（两熟或两熟以上）的一种栽培制度。

分带轮作既提高了土地单位面积作物年产出量，又达到充分合理利用土地，保持和提高土壤肥力，实现土地可持续利用的目的。以种植小麦、玉米、绿肥旱地分带轮作为例，第一年秋季（第一季）将地块按 5 尺（即带幅）宽分成若干带，每一带又分主带和副带，在主带上种植小麦，副带上种植绿肥，这就是分带。第二年春季，绿肥收割后，在此带上种植玉米，小麦收获后，在此带上种植绿肥，这就是轮作。一年可实现小麦、玉米、绿肥三熟，即为多熟。

55. 旱地分带轮作如何实施？它的技术特点是什么？

答：以南方丘陵旱地复种为例，典型的旱地分带轮作见图 3，其主要技术措施是高秆作物配矮秆作物、禾本科配

豆科、直立型配匍匐型、喜光作物配耐阴作物、耗地作物配养地物。该技术关键在于：

- 根据生长发育规律和趋利避害原则选择最佳播期；
- 搞好前后作物共生期管理；
- 采用地膜覆盖，育苗移栽、配方施肥、化学除草等先进技术，用好预留行。

上述旱地分带轮作技术适合区域包括四川、贵州、云南、湖南、湖北、浙江等省。旱地分带轮作可充分利用资源；一带重用，一带重养，用养结合；每季作物都有好茬口；玉米可早接茬播种，甘薯可早栽植，充分发挥产量潜力。实践证明，合理采用该项技术一般比三熟复种连作亩增产小麦31%～38.9%，玉米16.3%，甘薯31%。

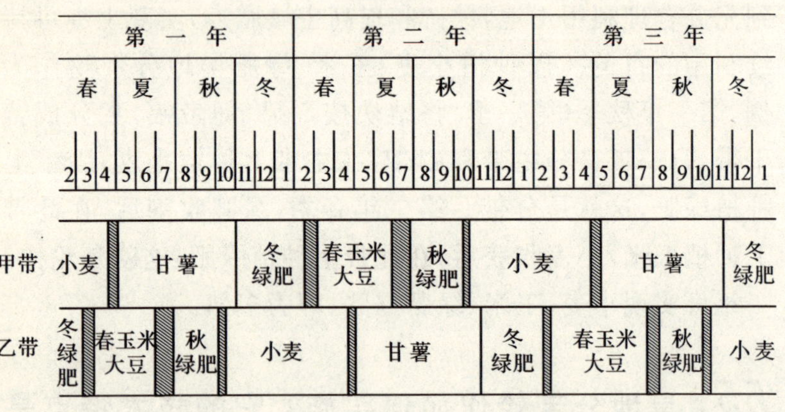

图3 南方丘陵旱地复种为分带轮作

土壤改良篇

56. 什么是土壤养分？它可以分为哪几类？

答:土壤养分是指由土壤提供的植物生长所必需的营养元素,能被植物直接或者转化后吸收。土壤养分可大致分为大量元素、中量元素和微量元素,包括氮、磷、钾、钙、镁、硫、铁、硼、钼、锌、锰、铜和氯等13种元素。在自然土壤中,土壤养分主要来源于土壤矿物质和土壤有机质,其次是大气降水、坡渗水和地下水。在耕作土壤中,还来源于施肥和灌溉。

根据在土壤中存在的化学形态,土壤养分的形态分为:① 水溶态养分:土壤溶液中溶解的离子和少量的低分子有机化合物。② 代换态养分:是水溶态养分的来源之一。③ 矿物态养分:大多数是难溶性养分,有少量是弱酸溶性的

(对植物有效)。④ 有机态养分:矿质化过程的难易强度不同。根据植物对营养元素吸收利用的难易程度,土壤养分又分为速效性养分和迟效性养分。一般来说,速效养分仅占很少部分,不足全量的1%。应该注意的是,速效养分和迟效养分的划分是相对的,二者总处于动态平衡之中。

土壤养分的总贮量中,有很小一部分能为当季作物根系迅速吸收同化的养分称速效性养分,其余绝大部分必须经过生物的或化学的转化作用方能为植物所吸收的养分称迟效性养分。一般而言,土壤有效养分含量约占土壤养分总贮量的百分之几至千分之几或更少。故在农业生产中,作物经常出现因某些有效养分供应不足而发生缺素症的现象。据统计,中国耕地几乎普遍缺乏有效氮素,近2/3的耕地缺乏有效磷素,有1/3的耕地缺乏有效钾,必须借助肥料以弥补其不足。

57. 什么叫土壤改良?它的过程分为哪几个阶段?

答:所谓土壤改良,就是针对土壤的不良性状和障碍因素,采取相应的物理或化学措施,改善土壤性状,提高土壤肥力,增加作物产量,以及改善人类生存土壤环境的过程。杨尽等总结认为,土壤改良工作一般应根据各地的自然条件、经济条件,因地制宜地制定切实可行的规划,逐步实施,以达到有效改善土壤生产性状和环境条件的目的。

土壤改良过程共分两个阶段:① 地保土阶段。采取工

程或生物措施，使土壤流失量控制在容许流失量范围内。如果土壤流失量得不到控制，土壤改良也无法进行。对于耕作土壤，首先要进行农田基本建设。② 改土阶段。其目的是增加土壤有机质和养分含量，改良土壤性状，提高土壤肥力。改土措施主要是种植豆科绿肥或多施农家肥。当土壤过砂或过黏时，可采用砂黏互掺的办法。我国南方的酸性红黄壤地区的侵蚀土壤磷素很缺，种植绿肥作物改土时必须施用磷肥。

58. 什么是土壤有机质？土壤有机质为什么能改善土壤肥力？

答：土壤有机质是土壤固相部分的重要组成成分，含有大量的植物营养元素，如氮、磷、钾、钙、镁、硫、铁等重要元素，还有一些微量元素。土壤有机质的含量与土壤肥力水平是密切相关的。尽管土壤有机质的含量只占土壤总量的很小一部分，但它对土壤形成、土壤肥力、环境保护及农林业可持续发展等方面都有着极其重要的作用。

(1) 促进植物生长发育

土壤有机质，尤以其中胡敏酸，具有芳香族的多元酚官能团，可以加强植物呼吸过程，提高细胞膜的渗透性，促进养分迅速进入植物体。胡敏酸的钠盐对植物根系生长具有促进作用，试验结果证明，胡敏酸钠对玉米等禾本科植物及草类的根系生长发育具有极大的促进作用。土壤有机质中还含有维生素 B_1、B_2、吡醇酸和烟碱酸、激素、异生长素（β

一吲哚乙酸)、抗生素(链霉素、青霉素)等对植物的生长能起促进作用,并能增强植物抗性。

(2) 改善土壤的物理性质

有机质在改善土壤物理性质中的作用是多方面的,其中最主要、最直接的作用是改良土壤结构,促进团粒状结构的形成,从而增加土壤的疏松性,改善土壤的通气性和透水性。腐殖质是土壤团聚体的主要胶结剂,土壤中的腐殖质很少以游离态存在,多数和矿质土粒相互结合,通过功能基、氢键、范德华力等机制,以胶膜形式包被在矿质土粒外表,形成有机一无机复合体。所形成的团聚体,大、小孔隙分配合理,且具有较强的水稳性,是较好的结构体。土壤腐殖质的黏结力比砂粒强,在砂性土壤中,可增加砂土的黏结性而促进团粒状结构的形成。腐殖质的黏结力比黏粒小,一般为黏粒的1/12,黏着力为黏粒的1/2,当腐殖质覆盖黏粒表面,减少了黏粒间的直接接触,可降低黏粒间的黏结力,有机质的胶结作用可形成较大的团聚体,更进一步降低黏粒的接触面,使土壤的黏性大大降低,因此可以改善黏土的土壤耕性和通透性。有机质通过改善黏性,降低土壤的胀缩性,防止土壤干旱时出现大的裂隙。

土壤腐殖质是亲水胶体,具有巨大的比表面积和亲水基团,据测定,腐殖质的吸水率为500%左右,而黏土矿物的吸水率仅为50%左右,因此,它能提高土壤的有效持水量,这对砂土有着重要的意义。腐殖质为棕色呈褐色或黑色物质,被土粒包围后使土壤颜色变暗,从而增加了土壤吸热的能力,提高土壤温度,这一特性对北方早春时节促进种

子萌发特别重要。腐殖质的热容量比空气、矿物质大，而比水小，导热性居中，因此，有机质含量高的土壤其温度相对较高，且变幅小，保温性好。

(3) 促进微生物和土壤动物的活动

土壤有机质是土壤微生物生命活动所需养分和能量的主要来源。没有它就不会有土壤中所有的生物化学过程。土壤微生物的种群，数量和活性随有机质含量增加而增加，具有极显著的正相关。土壤有机质的矿质化率低，不会像新鲜植物残体那样对微生物产生迅猛的激发效应，而是持久稳定地向微生物提供能源。因此，富含有机质的土壤，其肥力平稳而持久不易造成植物的徒长和脱肥现象。

土壤动物中有的(如蚯蚓等)也以有机质为食物和能量来源；有机质能改善土壤物理环境，增加疏松程度和提高通透性(对砂土而言则降低通透性)，从而为土壤动物的活动提供了良好的条件，而土壤动物本身又加速了有机质的分解(尤其是新鲜有机质的分解)。进一步改善土壤通透性，为土壤微生物和植物生长创造了良好的环境条件。

(4) 提高土壤的保肥性和缓冲性

土壤腐殖质是一种胶体，有着巨大的比表面和表面能，腐殖质胶体以带负电荷为主，从而可吸附土壤溶液中的交换性阳离子如钾离子、铵根离子、钙离子、镁离(K^+、NH_4^+、Ca^{2+}、Mg^{2+})等，一方面可避免随水流失，另一方面又能被交换下来供植物吸收利用。其保肥性能非常显著。土壤腐殖质和黏土矿物一样，具有较强的吸附能力，但单位质量腐殖质保存阳离子养分的能力比黏土矿物大几倍至几十倍，

因此，土壤有机质具有巨大的保肥能力。腐殖酸本身是一种弱酸，腐殖酸和其盐类可构成缓冲体系，缓冲土壤溶液中氢离子(H^+)浓度变化，使土壤具有一定的缓冲能力。更重要的是，腐殖质是一种胶体，具有较强的吸附性能和较高的阳离子代换能力，因此，使土壤具有较强的缓冲性能。

(5) 有机质具有活化磷的作用

土壤中的磷一般不以速效态存在，常以迟效态和缓效态存在。因此土壤中磷的有效性低。土壤有机质具有与难溶性的磷反应的特性，可增加磷的溶解度，从而提高土壤中磷的有效性和磷肥的利用率。此外，土壤腐殖酸被证明是一类生理活性物质，它能加速种子萌发，增强根系活力，促进植物生长。对土壤微生物而言，腐殖酸也是一种促进生长发育的生理活性物质。必须指出的是，有机质在分解时，也能产生一些不利于植物生长或甚至有害的中间物质，特别是在厌氧条件下，这种情况更易发生。

59. 为什么要对土壤有机质含量进行调节？

答：有机质的矿化作用过于强烈，分解释放大量的无机养分不能及时被植物吸收利用，会随水流失。同时也会导致腐殖化形成的腐殖质发生分解，更多地流失养分，导致土壤肥力下降。

有机质的矿化作用过于缓慢，而腐殖化过程强烈，则可供植物生长的速效性养分不足，使植物营养不足；相反却形成大量的腐殖质，进而造成有机物堆积而形成大量的泥炭，

虽有大量的养分，但不能释放为植物所吸收利用。

这就需要对土壤中的有机质含量进行适当调节。一般在增加有机质的前提下，使土壤既有较强的矿质化过程，又有较强的腐殖化过程。只有这样，才能满足植物在连续生产中对土壤肥力的要求。土壤有机质含量并非可以无限提高，调节的目的是在稳定的生态系统中最终达到一个稳定值。

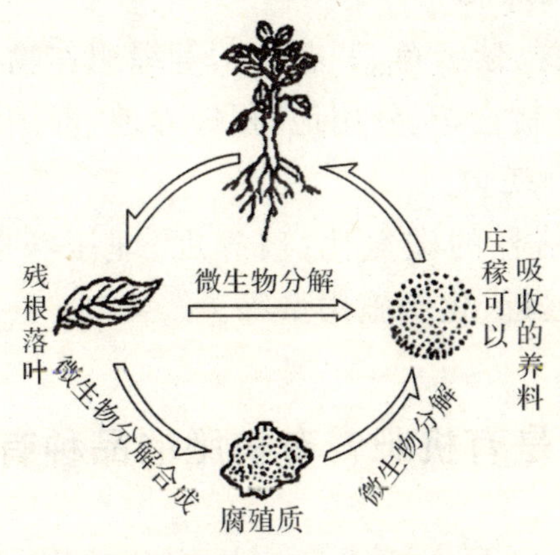

图 4　有机质的合成和分解示意图

60. 如何提高土壤有机质含量？

答：

(1) 合理的耕作制度

耕作制度是根据作物的生态适应性与生产条件采用的种植方式，包括单种、复种、休闲、间种、套种、混种、轮作、

连作等。与其相配套的技术措施包括农田基本建设、水利灌溉、土壤施肥与翻耕、病虫与杂草防治等。合理的耕作制度可促进土壤的有机质含量提高并维持较高的水平。相反,不合理的耕作制度会导致土地退化。

(2) 施用有机肥

有机肥如绿肥、粪肥、厩肥、堆肥、沤肥、饼肥、蚕沙、鱼肥、河泥、塘泥等,也可以有机、无机肥料配合施用。

(3) 种植绿肥

种植田菁、紫云英、紫花苜蓿等绿肥作物,休闲绿肥、套作绿肥,因地制宜,充分用地,积极养地,养用结合。

(4) 秸秆还田

要注意秸秆的碳氮比、破碎度、埋压深度以及土壤墒情、播种期远近、化肥施用量等。

61. 什么是有机肥?有机肥的品种有哪些?

答:有机肥是主要来源于植物和动物,施于土壤以提供植物营养为其主要功能的含碳物料。有机肥经生物物质、动植物废弃物、植物残体加工而成,消除了其中的有毒有害物质,富含大量有益物质,包括多种有机酸、肽类以及包括氮、磷、钾在内的丰富的营养元素,不仅能为农作物提供全面营养,而且肥效长,可增加和更新土壤有机质,促进微生物繁殖,改善土壤的理化性质和生物活性,是绿色食品生产的主要养分。

广义上的有机肥,俗称农家肥,包括以各种动物、植物

残体或代谢物组成，如人畜粪便、秸秆、动物残体、屠宰场废弃物等。另外，还包括饼肥（菜籽饼、棉籽饼、豆饼、芝麻饼、蓖麻饼、茶籽饼等），堆肥，沤肥，厩肥，沼肥，绿肥等。有机肥以供应有机物质为手段，借此来改善土壤理化性能，促进植物生长及土壤生态系统的循环。

（1）部分“广义上的有机肥”品种

堆肥：以各类秸秆、落叶、青草、动植物残体、人畜粪便为原料，按比例相互混合或与少量泥土混合进行好氧发酵腐熟而成的一种肥料。

沤肥：沤肥所用原料与堆肥基本相同，只是在淹水条件下进行发酵而成。

厩肥：指猪、牛、马、羊、鸡、鸭等畜禽的粪尿与秸秆垫料堆沤制成的肥料。

沼气肥：在密封的沼气池中，有机物腐解产生沼气后的副产物，包括沼气液和残渣。

绿肥：利用栽培或野生的绿色植物体作肥料。如：豆科的绿豆、蚕豆、草木樨、田菁、苜蓿、苕子等，非豆科绿肥有黑麦草、肥田萝卜、小葵子、满江红、水葫芦、水花生等。

作物秸秆：农作物秸秆是重要的肥料品种之一，作物秸秆含有作物所必需的营养元素氮、磷、钾、钙、硫等。在适宜条件下通过土壤微生物的作用，这些元素经过矿化再回到土壤中，为作物吸收利用。

纯天然矿物质肥：包括钾矿粉、磷矿粉、氯化钙、天然硫酸钾镁肥等没有经过化学加工的天然物质。此类产品要通过有机认证，并严格按照有机标准生产才可用于有机农业。

饼肥：菜籽饼、棉籽饼、豆饼、芝麻饼、蓖麻饼、茶籽饼等。

泥肥：未经污染的河泥、塘泥、沟泥、港泥、湖泥等。

(2) 狭义上的有机肥

狭义上的有机肥专指以各种动物废弃物（包括动物粪便、动物加工废弃物）和植物残体（饼肥类、作物秸秆、落叶、枯枝、草炭等），采用物理、化学、生物或三者兼有的处理技术，经过一定的加工工艺（包括但不限于堆制、高温、厌氧等），消除其中的有害物质（病原菌、病虫卵害、杂草种子等）达到无害化标准而形成的，符合国家相关标准（NY 525—2002）及法规的一类肥料。

62. 什么是绿肥作物？有哪几类？有哪些栽培方式？

答：绿肥作物以其新鲜植物体就地翻压或沤、堆制肥为主要用途的栽培植物总称。绿肥作物多属豆科，在轮作中占有重要地位，多数可兼作饲草。

绿肥作物类型：① 按栽培季节分为冬季绿肥、春季绿肥、夏季绿肥、秋季绿肥和多年生绿肥作物；② 按生长环境分为旱地绿肥作物和水生绿肥作物；③ 按植物学分类，可分为豆科绿肥作物、禾本科绿肥作物、十字花科绿肥作物等；④ 按用途划分为绿肥作物和兼用绿肥作物。另外，根据所施用的对象分为稻田用，棉田用，麦田用，果、茶、桑园和经济林木园林用绿肥作物等。兼用绿肥作物据其所兼用

途，分为覆盖、防风固沙、净化环境绿肥作物，以及肥、饲兼用，肥、粮兼用绿肥作物等。

常见栽培方式有：① 粮肥轮作；② 粮肥复种；③ 粮肥间作套种；④ 果园、林地间套种；⑤ 农田闲隙地、荒地种植，非耕地营造绿肥林，水面放养水生绿肥作物。绿肥作物的栽培利用，应实行种植业、养殖业结合，用地、养地结合，多种用途相结合。

63. 绿肥作物是如何实现土壤改良的？

答：

(1) 丰富土壤中的营养物质

绿肥作物施入土壤后，直接增加土壤养分。豆科绿肥的生物固氮作用，在氮素平衡中具有重要作用。豆科和十字花科绿肥可提高磷酸盐和某些微量元素的有效性。

(2) 改良土壤物理性状，提高土壤保水保肥性能

增强土壤缓冲性，加速脱盐和消除活性铝及游离铁的为害。

(3) 增加作物产量，促进畜牧业发展

一般每1000千克绿肥或2500千克满江红可增加粮食40～100千克。绿肥作物如紫云英、苕子、箭筈豌豆、满江红、沙打旺、草木犀等是牲畜的优良饲料。

(4) 提供工副业原料，如作蜜源植物，编织材料

田菁种子胚乳含半乳甘露聚糖胶，为重要工业原料。

(5) 保护土壤，净化、美化环境，抑制杂草为害等。

64. 以紫云英为例，绿肥作物有哪些田间管理技术？

答：紫云英又叫红花草、草子，是豆科越年生草本植物，是稻田最主要的冬季绿肥作物。紫云英鲜草含氮0.4%、磷0.11%、钾0.35%，紫云英干草含粗蛋白质24%、粗脂肪4.7%、粗纤维15.6%、灰分7.6%。它不仅是优质的有机肥，还是牲畜的好饲料。因此，种好紫云英对改良土壤、培肥地力、促进粮食和畜牧业的发展有着重要的意义。为了让农民朋友们更好地管好紫云英，提高鲜草产量，林赞福等提出以下紫云英绿肥田间管理技术。

（1）覆盖稻草

紫云英冬季盖草，可保持土壤水分，提高土温，防止干旱，促苗健长。紫云英盖草宜早不宜迟，应在割稻后及时亩用150千克左右稻草均匀撒盖，并将多余的稻草搬出田。

（2）重施冬肥

紫云英施肥以磷肥为主，配施氮肥、钾肥和钼肥。割稻后至小雪前是小阳春气候，也是紫云英冬季生长、分枝高峰期，强化水肥管理是奠定来春早发高产的关键技术措施。这阶段一般秋高气爽干旱，要抢在台风前或灌“跑马”水后重施冬肥。时间宜在割稻后15天内完成，亩用过磷酸钙15～20千克，氯化钾5～8千克或草木灰、垃圾灰50～100千克均匀撒施，提倡喷施0.05%钼酸铵加0.2%磷酸二氢

钾,促进冬前苗壮分枝多。冬前要求株平均分枝数达 3 枝以上,亩茎株数达 45 万以上。

(3) 冬防旱春排涝

紫云英喜湿怕渍,冬季灌“跑马”水防旱,不能让田面晒白。冬闲期早犁沟,小田块开“十”字沟,大田块要开“井”字沟。开春后要多次清沟,做到大雨过后田面不积水,一般掌握间隔 3 米左右犁一条排水沟并用锄头整修到沟深 15～20 厘米。烤田沟要加深到 35 厘米以上,并使沟沟相通,上下丘连接。平洋田百米左右要导入田间排水沟以利排水通畅。特别是紫云英生长后期,为了防止积水烂根和菌核病发生,更要做好排水工作。

(4) 巧施春肥

二月中旬气温回暖后,紫云英从冬蹲转入春发期,这时应每亩施用 3～4 千克尿素;也可结合防病,喷施 0.2%磷酸二氢钾加 0.5%尿素,促进早发夺高产。高产使用割青田春肥尤为重要,要早施重施,二月上旬亩用尿素 4～5 千克,氯化钾 4～5 千克均匀撒施,促旺盛生长,达到高产的目的。

(5) 病虫害防治

紫云英病虫害有 10 多种,对生产影响较大的有“两病两虫”,即白粉病、菌核病和蓟马、潜叶蝇。防治病害可用 70%托布津或 50%多菌灵 1000 倍液喷雾,防治虫害可用 90%晶体敌百虫 1000～1500 倍液喷雾。

65. 秸秆还田是如何实现土壤改良的？

答：

(1) 改善土壤物理性质

能使土壤水稳性团粒显著增加，保水通气性能明显改善，主要是秸秆物质能使土壤有机碳和腐殖酸碳增加。

(2) 固定和保存氮素养分

新鲜秸秆施入土壤后，一方面为好气和嫌气性的自生固氮菌提供碳源，从而促进土壤的固氮作用，另一方面由于丰富的碳源使各种微生物活动旺盛，较多地吸收土壤中的速效氮素，以构成微生物细胞体，从而有利于保存氮素。(分解初期可能与作物争氮。)

(3) 促进土壤中养分的转化

由于加强了微生物活动，改善了土壤酶活性，所引起土壤中养分的转化也是多方面的。在增加土壤有效磷，活化微量元素的有效性方面，秸秆有机物料(有机酸)表现尤为突出。

66. 秸秆直接还田的具体方法是什么？还田时应注意哪些事项？

答：

(1) 秸秆预处理和配施氮磷化肥

耕翻之前，宜将秸秆切断压碎，以利于和土壤混匀，并

有利其吸水、吸肥和腐解。由于秸秆的碳氮比大多在(60～100)：1施入土壤后的初期，常易发生土壤微生物与作物幼苗争夺速效养分，特别是氮素更为突出。为此应配施适量氮肥或氮磷肥。

(2) 耕翻时期与方法

收获后立即翻压，特别是玉米秸秆，及时翻压有利腐解。

(3) 秸秆用量

一般亩施200～400千克，瘦地氮肥不足或离下茬种植较近时，用量不宜多，反之用量可多些。

秸秆还田时的注意事项：

(1) 防止有机酸危害：分解时产生有机酸，可加石灰中和；

(2) 避免有病植株还田：如水稻纹枯病，小麦黑粉病，玉米大斑病和黑粉病，棉花黄枯萎病，油菜病核病等。

67. 生物有机肥与化肥之间有什么差异？

答：① 生物有机肥营养元素齐全，化肥营养元素只有一种或几种；② 生物有机肥能够改良土壤，化肥经常使用会造成土壤板结；③ 生物有机肥能提高产品品质，化肥施用过多导致产品品质低劣；④ 生物有机肥能改善作物根际微生物群，提高植物的抗病虫能力；化肥则使作物微生物群体单一，易发生病虫害；⑤ 生物有机肥能促进化肥的利用，提高化肥利用率；化肥单独使用易造成养分的固定和流失。

68. 什么是菌肥？为什么菌肥能改善土壤肥力？

答：菌肥是人们利用土壤中有益微生物制成的生物肥料，主要是细菌肥料。菌肥本身并不含有大量的营养元素，而是通过微生物的生命活动来改善植物的营养条件，发挥土壤潜在肥力，以期获得增产。如根瘤菌的固氮作用，利用与豆科植物共生的根瘤菌来固定空气中的氮素，以供给植物的需要，这是有机肥料和化肥以外的另一个重要氮素来源。豆科作物根瘤菌的固氮量，一般认为，豆科作物总氮量的1/3是从土壤中吸收的，其余2/3是由共生固氮菌固定空气中的氮素而来的。

69. 影响根瘤菌肥料肥效的因素有哪些？

答：

（1）菌剂质量

这是影响菌肥效果的主要因素。一般每克菌剂含活菌数应在1.2亿～3亿个以上。菌剂水分以20%～30%为宜。菌剂要求新鲜，杂菌含量最多不得超过10%。

（2）营养条件

根瘤菌与豆科植物的共生固氮需要有一定的营养条件。一般无机氮素养分虽对豆科植物无害，但过多时往往阻碍根瘤的形成，并降低其固氮作用。

（3）土壤条件

根瘤菌属于好气而又喜湿的微生物，在通气较好的土壤上，施用根瘤菌剂常能收到良好的效果。在长期干旱或苗期淹水的情况下，菌肥的效果常不显著。对多数豆科植物，根瘤菌最适宜的土壤水分以相当于田间持水量的60%～70%为好。

（4）施用方式和时间

试验表明，根瘤菌剂作种肥比追肥好，早施比晚施好，最好拌种施用，如来不及作种肥时，早期追肥也有一定的补救效果。

施肥技术篇

70. 科学施肥应该遵循哪些基本原理？

答：

（1）养分补偿学说

1843 年，德国化学家李比希在所著的《化学在农业和生理学上的应用》一书中，系统地阐述了植物、土壤和肥料中营养物质变化及其相互关系，提出了养分归还学说，认为人类在土地上种植作物，并把产物拿走，作物从土壤中吸收矿质元素，就必然会使地力逐渐下降，从而土壤中所含养分将会越来越少，如果不把植物带走的营养元素归还给土壤，土壤最终会由于肥力衰减而成为不毛之地。因此要恢复和保持地力，就必须将从土壤中拿走的营养物质还给土壤，必须处理好用地与养地的矛盾，提高自觉投肥的意识。养分

补偿学说是养分归还学说的发展,是施肥的基本原理之一。

(2) 同等重要律

不论大量元素或微量元素,对农作物来说都是同等重要的,缺一不可,缺少了其中的任何一种营养元素,作物就会出现缺素症状,而不能正常地生长发育、结实,甚至会死亡,导致减产或绝收。例如,作物对铜的需要量很少,但小麦缺少了它就会出现不孕小穗。

(3) 不可代替律

作物需要的各种营养元素,在作物体内都有其一定的功能,相互之间不能互相代替。如缺少钾,不能用磷代替,缺少磷,不能用氮代替,也不能用和它们化学性质十分相似的元素所代替。缺少什么元素,就必须施用含有该元素的肥料。

(4) 最小养分律

在施肥实践上,应根据土壤有效养分含量和作物需肥特性,首先施用含有小养分的那种肥料,当发生最小养分转变,新的最小养分出现时,施肥的目的随之转变到解除新的最小养分限制作用上来。因而在实际施肥过程中,需进行各种肥料的配合施用,使各种养分因子在较高水平上满足作物需要。

(5) 报酬递减律

在生产条件相对稳定的前提下,随着施肥量的增加,作物产量也随之增加,但增产率为递减趋势。这一经济规律包含以下几层意思:①这一规律是以各项技术条件相对稳定为前提,反映了限制因子与作物增产的关系。如果在生

产过程中,某项技术条件有了新的改变或突破,那上述限制因素也就随之发生变化。原来的生长限制因素很可能让位给另一生长限制因素,产量将随新的因素条件的改善而有所提高。但在达到适量以后,仍将出现递减的趋势。②报酬递减律是说明投入和产出两者的关系。产出的多少,并不是总与投入呈直线正相关的。如果不注意研究投入和产出的关系,而一味地盲目大量施肥,就必然会造成增产不增收等现象。正因为投放和产出不一定呈直线相关的关系,所以就应该根据农作物对肥料的效应曲线来确定获得高产的最佳施肥量。

总之,充分认识报酬递减这一经济规律,并用它来指导施肥,就可避免施肥的盲目性,提高肥料的利用率,从而发挥肥料最大的经济效益。另外,我们也不应该消极地对待它,片面地以减少化肥施用量来降低生产成本;相反,我们应研究新的技术措施,促进生产条件的改进,在逐步提高施肥水平的情况下,力争提高肥料的经济效益,促进农业生产的持续发展。

71. 什么是“最小养分律”?它对安全种植有何指导作用?

答:德国化学家李比希根据自己创立的矿质营养学说,成功地制造了一些化学肥料以后,为了保证最有效地利用这些肥料,他在实验的基础上,又进一步提出了“最小养分律”。现在美国杂志上常常提到的限制因子论就是从最

小养分律发展起来的。它的内容是:作物产量受数量最小的养分所控制,产量的高低随着这种养分的多少而变化。所谓最小养分就是指土壤当中最缺乏的那一种营养元素,作物为了生长必须要吸收各种养分,但是决定作物产量的却是土壤中那个相对含量最小的有效植物生长因子,产量在一定限度内随着这个因素的增减而相对变化,因而无视这个限制因素的存在,即使继续增加其他营养成分也难以再提高作物的产量。

最小养分律可以形象地用"养分桶"来说明(如图 5),组成桶的最短的木条(代表最小养分)决定了桶中所能容纳的水量(代表产量)。应用最小养分律指导施肥时应注意的是:

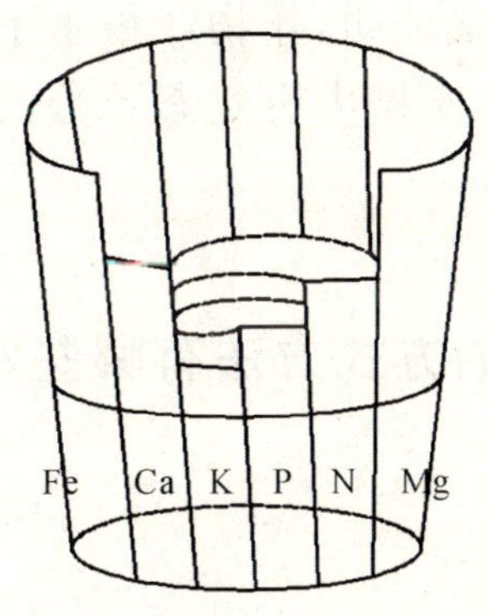

图 5 氮、磷、钾等组成的养分桶

(1) 最小养分律中所说的最小养分,并不是土壤中绝对数量最少的那种养分,而是指相对于作物的需要来说最少的那种养分。

(2) 最小养分也不是固定不变的。当一种最小养分得

到补充和改善以后，另一种原来不是最小养分的营养元素可能会成为限制作物产量的新的最小养分。

(3) 继续增加最小养分以外的其他养分，难以提高产量，只会降低施肥的经济效益。

72. 植物从哪里获得必需营养元素？

答：在必需营养元素中，碳和氧来自空气中的二氧化碳；氢和氧来自水，而其他的必需营养元素几乎全部都是来自土壤。只有豆科作物有固定空气中氮气的能力，植物的叶片也能吸收一部分气态养分，如二氧化硫等。由此可见，土壤不仅是植物生长的介质，而且也是植物所需矿质养分的主要供给者。实践证明，作物产量水平常常受土壤肥力状况的影响，尤其是土壤中有效态养分的含量对产量的影响更为显著。

73. 合理施肥的方式方法有哪些？

答：

(1) 基肥

基肥也叫底肥，是在播种或移植前施用的肥料。它主要是供给植物整个生长期中所需要的养分，为作物生长发育创造良好的土壤条件，也有改良土壤、培肥地力的作用。作基肥施用的肥料大多是迟效性的肥料。厩肥、堆肥、家畜粪等是最常用的基肥。化学肥料中的磷肥和钾肥一般也作

基肥施用;氮肥,如氨水、液氨,以及碳酸氢铵、沉淀磷酸钙、钙镁磷肥、磷矿粉等化肥均适合作基肥。基肥的深度通常在耕作层,可以在犁底条施(如氨水等),或和耕土混合施(如有机肥料或磷矿粉),也可以分层施用。基肥的配料一般有草炭、珍珠岩、蛭石。

基肥施用方式有:①撒施于土面翻入土中,②开沟条施,③穴施。

(2) 种肥

种肥是指下播种同时施下或与种子拌混的肥料,主要是供给幼苗对养分的需要。种肥是最经济有效的施肥方法。它是在播种或移栽时,将肥料施于种子附近或与种子混播以供给作物生长初期所需的养料。由于肥料直接施于种子附近,要严格控制用量和选择肥料品种,以免引起烧种、烂种,造成缺苗断垄。用作种肥的肥料要求养分释放快,不能过酸、过碱,肥料本身对种子发芽无毒害作用。常用作种肥的肥料有腐熟的有机肥料、腐殖酸、氨基酸固体、液体肥、微生物肥料、速效性化肥。碳酸氢铵、氯化铵、尿素原则上不宜作种肥。尿素中的缩二脲对种子有毒害作用,若用作种肥,要严格控制用量和选用缩二脲小于2%的尿素,每亩用量2.5千克。速效氮肥每亩用量2.5~5千克,磷铵或三元素复合肥2.5~5千克,腐殖酸、氨基酸类液体肥稀释600~800倍,微肥一般稀释浓度到0.05%~0.1%之间。

种肥的施用方法有多种,如:拌种、浸种、条施、穴施或蘸根。①拌种是用少量的清水,将肥料溶解或稀释,喷洒在

种子表面，边喷边拌，使肥料溶液均匀地沾在种子表面，阴干后播种。②浸种是把肥料溶液溶解或稀释成一定浓度的溶液，按液种 1∶10 的比例，把种子放入溶液中浸泡 12～24 小时，使肥料液随水渗入种皮，阴干后随即播种。③蘸根是指对水稻及其他移植作物，在插秧或移栽前，把肥料稀释成一定浓度（一般是 0.01%～0.1%）的溶液，把作物的根部往肥液中蘸一下即插栽。此法成活率高、操作方便、效果良好。开沟或挖穴后将肥料施入耕层 3～5 毫米的沟、穴中，再在肥带附近拌种，种肥距保持在 3 毫米以上。

（3）追肥

追肥是指在作物生长过程中加施的肥料，主要是为了供应作物某个时期对养分的大量需要，或者补充基肥的不足。农业生产上通常是基肥、种肥和追肥相结合。

追肥施用的特点是比较灵活，要根据作物生长的不同时期所表现出来的元素缺乏症，对症追肥。

74. 在温室和塑料大棚栽培中，为什么要补充碳素养分？如何补充？

答：碳、氢、氧作为植物的必需营养元素，它们积极参与植物体内的代谢活动。首先始于植物光合作用对二氧化碳的同化。碳、氢、氧以二氧化碳和水的形式参与有机物的合成，并使太阳能转变为化学能。它们是光合作用必不可少的原料。

陆生植物光合作用所需的二氧化碳主要取自空气，空

气中二氧化碳的含量约为0.03%。从植物光合作用的需要量来看，这一数值是比较低的。然而，空气的流动能使二氧化碳得到一定数量的补充。有资料报道，若使二氧化碳浓度提高到0.1%，就能明显提高光合强度并增加作物产量；不过浓度过高对植物也不利。浓度超过0.1%时，光合强度不仅不能提高，反而会产生不良影响。如，二氧化碳能促进叶片中淀粉的积累，易产生叶片卷曲现象，影响叶片的光合作用。一般来说，二氧化碳浓度降低，光合作用的速率则急剧减慢。在植物生长茂盛、叶片密集的群体内，二氧化碳浓度往往会降低到0.02%，并大大限制光合作用。此时，使用二氧化碳肥料即可获得显著的增产效果；对于要求二氧化碳浓度较高的三碳植物，其效果更加明显，生长期内表现为干物质可能成倍增加，收获时产量能提高几成。

在温室和塑料大棚栽培中，增施二氧化碳肥料是不可忽视的一项增产技术，尤其是设施栽培采用无土栽培技术时，更是如此。由于温室或塑料大棚栽培中，植物所需的二氧化碳只能靠通气、换气时由室外流入的空气中得到补充，而在冬、春季为了保温，温室内经常通气不足，二氧化碳浓度常低于0.03%。生产实践证明，使温室内二氧化碳浓度提高到0.1%时，只要其他生长因素配合得好，能使净光合率增加50%，产量提高20%～40%。可见，增施二氧化碳肥料是一项重要的技术措施。温室中增加二氧化碳浓度，可采用液化二氧化碳或固体二氧化碳（俗称干冰），燃烧石蜡、天然气、丙烷或白煤油等碳氢化合物的方法加以补充。北京市丰台区农科所在菜农中推广碳酸氢氨肥料加浓硫酸

的方法补充二氧化碳的不足，效果也很明显。但必须注意，二氧化碳浓度应控制在0.1%以下为好。

75. 施钾肥有利于农作物增产吗？

答：钾不仅是植物生长发育所必需的营养元素，而且是肥料三要素之一。许多植物需钾量都很大，它在植物体内的含量仅次于氮。钾对提高农作物产量和改善农产品品质均有明显的作用，而且还能提高植物适应外界不良环境的能力，因此它有品质元素和抗逆元素之称。

近二三十年来，在我国农业生产中，由于复种指数不断提高，氮、磷化肥用量逐年增加，灌溉条件有所改善，高产、矮秆作物品种正在引用和推广，农业技术措施逐步改革，使得单位面积产量大幅度提高。因此，作物对钾的需求量明显增加。在我国南方的一些地区，土壤含钾量明显偏低，供钾能力不足，施用钾肥后，往往有显著的增产效果。近几年来，即使在土壤含钾量略高的北方石灰性土壤上，也会由于土壤干旱等因素的影响，造成高产喜钾作物缺钾的现象，这就使钾营养备受人们的重视。尤其在高产栽培中，增施钾肥已显得越来越重要。

表 10　主要农作物不同部位中钾的含量(%)

作物	部位	含氧化钾	作物	部位	含氧化钾
小麦	籽粒	0.61	水稻	籽粒	0.30
	茎秆	0.73		茎秆	0.90
棉花	籽粒	0.90	马铃薯	块茎	2.28
	茎秆	1.10		叶片	1.81
玉米	籽粒	0.40	糖用甜菜	根	2.13
	茎秆	1.60		茎叶	5.01
谷子	籽粒	0.20	烟草	叶片	4.10
	茎秆	1.30		茎	2.80

注:引至农业化学(总论),1990。

76. 常见的化学氮肥有哪些?分别有什么性质?

答:常见的化学氮肥有硫酸铵、尿素、硝酸铵、硝酸钙等。

硫酸铵:简称硫铵,又称肥田粉。含氮量为 20%～21%,白色,形似白砂糖。特点:吸湿性小,易溶于水,肥效快,是生理酸性肥料,不能与碱性肥料混用。一般硫酸铵作追肥时用 1%～2%的水溶液施入土中,或用 0.3%～0.5%浓度的水溶液喷于叶面。

尿素:白色圆球状。含氮量 45%～46%,有吸湿性,易溶于水,是中性肥料,肥效较其他氮肥长。一般用 0.5%～1%的水溶液施入土中,或用 0.1%～0.3%的水溶液进行根外追施,时间最好在傍晚进行,以免烧伤叶片。

硝酸铵:简称硝胺,白色或淡黄色晶体。含氮量32%~35%,吸湿性强,易溶于水。中性反应,肥效快,易被植物吸收利用。但它易爆炸和燃烧,严禁与有机肥混合放置。一般作追肥,可用1%的水溶液施入土中。

硝酸钙:为白色颗粒。含氮量15%~18%,吸湿性很强,容易结块,因含钙离子,不会破坏土壤结构。肥效快,一般宜作追肥,用1%~2%的水溶液施入土中。

77. 合理分配和施用氮肥应注意哪些因素?

答:合理施用氮肥的目的在于减少氮素的损失,提高氮肥利用率,充分发挥氮肥增产效益。要做到合理施用,必须根据下列因素来考虑氮肥的分配和施用:

(1) 土壤条件

一般石灰性土或碱性土,可以施酸性或生理酸性的氮肥,如硫铵、氯化铵,这些肥料除了能中和土壤碱性外,在碱性条件下铵态氮比较容易被作物吸收;而在酸性土,可选施碱性或生理碱性氮肥,如硝酸钠、硝酸钙、硝酸铵钙或碳氮等,它们一方面可降低土壤酸性,另一方面在酸性条件下作物容易吸收硝态氮。在盐碱土中不宜施用含氯的氯化铵,以免增加盐分,影响作物生长。肥沃的土壤,施氮量减少,保肥能力强的土壤施肥次数可少些;相反地,施氮量适当增加,分次施用。

(2) 作物营养特性

不同作物对氮的需求也不一样，如，水稻、玉米、小麦等作物需要较多氮肥，香蕉、甘蔗、叶菜类蔬菜等需氮肥更多，而豆科作物有根瘤固定空气中的氮素，因而对氮肥需要较少。不同作物对氮肥品种的反应也不同，如水稻施用铵态氮肥，尤以氯化铵、碳铵和尿素效果好，而硫铵虽然也是铵态氮肥，但在水田中常还原生成硫化氢，妨碍水稻根的呼吸。马铃薯也是施用铵态氮肥好，尤其是硫铵，因硫对马铃薯生长有利。忌氯作物如烟草、淀粉类作物、葡萄等应少施或不施氮化铵。烟草施用硝铵较好，它能改善烟叶品质。多数蔬菜施用硝态氮肥效果好，如萝卜施用铵态氮肥则会抑制其生长。甜菜等用硝酸钠效果好，已是众所周知的事了。作物不同生育期施氮肥的效果也不一样。

(3) 氮肥本身的性质

凡是铵态肥特别是碳铵、氨水都要深施盖土，防止挥发，由于它们都是速效肥，在土壤中又不易流失，故可作基肥和追肥，适宜水田、旱地施用；硝态氮肥在土中移动性大，肥效快，适宜作旱地追肥，等。总之，要根据氮肥的特性来考虑它的施用方法。

(4) 氮肥与其他肥料配合

在缺乏有效磷和有效钾的土壤上，单施氮肥效果很差，增施氮肥还有可能减产。因为在缺磷、钾的情况下，蛋白质和许多重要含氮化合物很难形成，会严重影响作物的生长。各地试验已经证明，氮肥与适量磷钾肥配合，增产效果显著。

78. 什么是作物营养临界期及最大效率期？它们与施肥有何关系？

答：植物营养临界期是指营养元素缺少或营养元素之间比例不平衡，对植物生长发育起着显著不良影响的那段时期。此时植物对养分需要量并不大，但要求很迫切。如果缺乏此种营养元素，就会明显抑制植物正常的生长。一般认为，植物磷素营养临界期多在幼苗期：棉花在二、三叶期，玉米在三叶期，小麦在分蘖初期，常容易发生缺磷，生产上常用水溶性磷肥作种肥，效果显著。

植物营养最大效应期，是指植物需要养分最多，且施肥能获得最大效应的时期。如水稻氮肥最大效应期在幼穗分化期，玉米在喇叭口至抽雄初期，大、小麦在拔节至抽穗期，大豆、油菜在开花期，棉花在花铃期，多数果树在膨大期。所以必须施足基肥，并在此时期到来之前，追施相应的肥料，以满足植物对养分的需求。

总之，营养临界期和最大效应期均是施肥的关键时期，必须保证养分供应，才能提高植物产量和改善品质。所以，考虑作物不同生育期对养分的要求，掌握适宜的施肥时期和施肥量，是经济有效施用肥料的关键。

79. 磷肥可分为哪几类？常用的磷肥有哪些品种？

答：根据磷肥的溶解性质可将其分为水溶性、弱酸溶性、难溶性三类。常用的磷肥，属难溶性磷肥的有磷矿粉、骨粉，属弱酸溶性的有钙镁磷肥、沉淀磷酸钙、钢渣磷肥，属水溶性的有过磷酸钙、重过磷酸钙。

过磷酸钙：简称普钙，呈灰白色或深灰色粉状。含五氧化二磷为16%～18%，溶于水，易吸湿结块，不宜久放。因含有游离酸，故为酸性。一般作基肥效果好，即在上盆或翻盆时施用，用量为盆土的1%～5%，也可用1%～2%的水溶液施于土中，或用0.5%～1%的溶液进行根外追肥。

磷酸二氧钾：是磷钾复合肥料，白色结晶。含磷53%、钾34%，易溶于水，速效，呈酸性反应，一般用0.1%左右的溶液作根外追肥。如在花蕾形成前喷施，可促进开花，花大色彩鲜艳。

磷酸铵：简称磷铵，是氮磷复合肥料。为磷酸一铵和磷酸二铵的混合物。含磷46%～50%、氮14%～18%，呈白色颗粒状，吸湿小，溶于水，便于运输、贮存、施用，是高浓度的速效肥料，可作基肥和追肥。

80. 过磷酸钙施入土壤后会发生哪些变化？

答：实践证明，过磷酸钙的利用率较低，一般只有10%

～25％，主要原因是过磷酸钙施入土壤后，肥料中的水溶性磷酸一钙发生磷的固定作用。在石灰性土壤中主要转化为磷酸二钙、磷酸八钙，最后大部分形成稳定的难溶性磷灰石。在酸性土中磷肥中的可溶性磷主要形成难溶性磷酸铁、磷酸铝，但在水田中初形成的胶状无定形磷酸铁、磷酸铝对水稻仍然有效；其次在红壤、黄壤中普遍发生土壤黏粒对普钙的吸附固定，使磷肥的肥效降低。酸性土施用石灰可减少化学固定和物理化学固定，这是提高磷肥有效性的重要措施。过磷酸钙虽然带有酸性，但它偏向于生理中性，因此，施后对土壤酸碱度影响不大。

磷的固定指土壤中的水溶性磷和有效性磷，或磷肥中的水溶性或有效性磷施入土壤中后通过化学的、物理化学的和生物的作用而转化为溶解度低、有效性差的磷。磷的物理化学固定主要是发生在酸性土壤中，磷酸根阴离子被土壤黏粒吸附固定；生物固定是指土壤微生物吸收了有效磷用以构成自身细胞体，而一时不能被作物作用，但这种固定只是暂时的，当微生物很快死亡后，会分解释放出有效磷供作物利用。

81．怎样合理施用过磷酸钙？

答：过磷酸钙中的水溶性磷酸一钙在土壤中容易被固定，移动性小，即移动慢，移动的距离短，因此，合理施用过磷酸钙的原则是既要减少其与土壤的接触面积，又要尽量增加它与根系的接触机会。根据它的性质及上述施用原

则，合理施用的方法如下：

(1) 集中施和分层施

过磷酸钙可作基肥、种肥和追肥，但无论作什么肥，都以集中施效果好。因为集中施(条施、穴施)可减少肥料与土壤的接触面，减少固定，同时增加了与根群的接触机会，施肥点浓度较大，有利于磷酸根向根表扩散，使根系容易吸收磷营养。在集中施的基础上采取分层施效果更好，即大部分磷肥作基肥深施，少部分浅施或作种肥，或水稻点秧根。这样能适应作物根系的生长及其对肥料的需要，即苗期需肥少根系浅，中期根系已长深而且需肥多。作种肥或秧根肥时，要注意过磷酸钙中游离酸对种子和根系的危害，一般可用相当于磷肥用量的 2%～3%的草木灰与其混合堆放半天后再与种子混播，如作秧根肥应把磷肥与 1～2 倍的腐熟有机肥或细土混合堆沤半天至一天后用水调成糊状点秧根。

(2) 与有机肥混合施

与有机肥混合施可减少磷的固定，因为一方面可减少与土壤的接触，另一方面有机肥的分解产物可减少土壤中铁、铝等对磷的固定。

(3) 制成颗粒肥

把过磷酸钙制成粒径为 3～5 毫米的颗粒在固定力强的土壤上施用是比较有效的。因为颗粒肥是逐步溶解出有效磷的，有效时间较长；同时又减少与土壤的接触。肥适宜机械施用，作种肥很安全，但粒径不能太大，颗粒太大会减少磷肥与根系的接触。在石灰性土上施用，不一定要制成

颗粒。根据试验表明，施用粉状和颗粒状过磷酸钙，所获产量没有多大差异。

(4) 在酸性土上施用，要配施石灰

先施石灰翻犁耙匀后再施磷肥，不要把石灰与普钙混合，以免降低磷肥的有效性。

(5) 作根外追肥

将过磷酸钙作根外喷施也是一种经济有效的方法，它可以防止磷在土壤中被固定，又能被作物直接吸收。根据试验结果，柑橘在生理落果后喷3%的过磷酸钙浸出液不但可以增产，而且还可提高全糖量；水稻、玉米、小麦等谷类作物在中后期喷过磷酸钙溶液，可增加籽实的千粒重。喷施前先将过磷酸钙加10倍水浸泡过夜，取其清液用水稀释到所需浓度后喷施。喷施浓度各类作物不同，水稻、小麦等谷类作物可用1%～3%浸出液，果树可用2%左右浓度，棉花、蔬菜(如番茄)等可用1%的浓度。

过磷酸钙的施用量主要根据作物对磷的要求性质和计划产量，以及土壤有效磷的含量来决定，一般每亩作基肥的用量为20～30千克，甘蔗每亩要施40千克，作追肥一般每亩10～20千克，作种肥每亩4～5千克。

过磷酸钙特别适合缺硫的土壤施用，即使在不缺硫的土壤中，对于特别需硫的作物如谷类、豆类、花生、牧草，也是很适合施用的。

82. 重过磷酸钙的性质和施用与过磷酸钙有何不同?

答:重过磷酸钙是一种高含量的磷肥,其主要成分是水溶性的磷酸一钙,不含硫酸钙,这点与过磷酸钙不同,含有效磷 40%~50%,含游离酸比过磷酸钙高,为 4%~8%,所以它的吸湿性和腐蚀性比过磷酸钙强,但由于它不含或含很少铁、铝、锰等杂质,吸湿后不致有磷酸退化现象。重过磷酸钙的有效施用方法与过磷酸钙相同,但作种肥时更应注意它的酸性对种子的危害,同时施用量应相对减少。由于它不含硫酸钙,对硫营养有良好反应的作物,如马铃薯、豆类及十字花科作物,其效果不及等磷量的过磷酸钙。

83. 钙镁磷肥的性质如何? 怎样施用效果好?

答:钙镁磷肥的主要成分一般认为是磷酸三钙,含有效磷 14%~19%,属弱酸溶性磷肥(95%以上的磷可溶于2%柠檬酸)。一般为灰绿色粉状;它含有氧化钙、氧化镁,故呈碱性,不吸湿,没有腐蚀性,贮存施用方便。

钙镁磷肥施入土中后,不能直接为作物吸收利用,需要经过酸的溶解转化为水溶性磷才能被作物吸收利用。所以钙镁磷肥在酸性土上施用效果好,它的肥效往往超过过磷酸钙,因为它含有钙和氧化镁,对改良酸性土有良好作用,而且它的肥效较长。在石灰性土壤施用,效果一般低于过

磷酸钙。

钙镁磷肥适合作基肥，也可作种肥和追肥，如果把它与有机肥堆沤一段时间后施用，肥效更快更好。肥料用量一般每亩 20～30 千克，如作种肥每亩 5～8 千克。

84. 磷矿粉的性质如何？它的肥效与哪些因素有关？

答：磷矿粉是由磷矿石直接粉碎制成的，主要成分是氟磷灰石，其次还有氯磷灰石和氢氧磷灰石。其含磷量因产地不同差异很大，高的可达 30%以上，低的只有 10%左右。一般呈灰褐色粉状，中性反应，属于难溶性迟效态磷肥。

磷矿粉的肥效主要取决于有效磷的含量，有效磷含量愈高肥效就愈好。公认最好的磷矿粉是来自北非突尼斯的加夫萨磷矿粉，它的枸溶率（柠檬酸溶率）达到 60%以上，所以肥效特别好。我国磷矿粉大多数具有中等以上的枸溶率（10%～20%）。石灰岩溶洞磷矿和鸟粪磷矿制成的磷矿粉枸溶率较高，因它主要成分是磷酸三钙。枸溶率较低的磷矿一般不宜作磷矿粉直接施用。

其次，磷矿粉的肥效与作物种类有关。各种作物吸收利用磷矿粉的能力是不同的。据南京土壤研究所在红壤地区对不同作物施用磷矿粉和过磷酸钙对比试验表明：油菜、萝卜菜、荞麦施磷矿粉的肥效极显著，茄子、豌豆、花生、紫云英等肥效显著，玉米、马铃薯、甘薯、番茄、芝麻等肥效中

等,小麦、水稻、小米、黑麦、燕麦等肥效不显著。

再次,土壤性质与磷矿粉的肥效也有密切关系。其中最重要的是土壤有效磷含量和土壤酸度。有效磷含量高,磷矿粉的肥效则低,只有在土壤有效磷含量低的情况下,磷矿粉的肥效才较显著。磷矿粉的溶解度随土壤 pH 值的降低而增加,所以只有在酸性土上磷矿粉才显出较好的效果。

说明:枸溶率指用 2%柠檬酸溶液浸提的有效磷及其占全磷的百分率。枸溶率在 15%以上的可直接作为肥料,而全量高枸溶率低于 5%时,只能作加工原料。磷矿粉的细度也影响肥效,90%的粉体通过 100 目筛孔,最大粒径为 0.149 毫米为宜(以表面积大,接触几率大)。

85. 如何施用磷矿粉?

答:磷矿粉是难溶性磷肥,施入土壤后经慢慢分解变成水溶性磷才能被作物吸收利用,由于溶解作用比较慢,所以当季肥效较慢,往往到第二年、甚至第三年才显出较好的效果。因此,磷矿粉宜作基肥深施,不适合作追肥。为了促使磷矿粉溶解,施用时要和土壤充分混合,这一点与过磷酸钙完全不同。由于磷矿粉的溶解在酸性条件下比较明显,因而它适合在酸性土上施用,pH 值为 6.5 以上的土壤一般不施用磷矿粉。

为了提高磷矿粉的肥效,将它和有机肥混合堆沤后施用比直接施用效果好,一般可用 10～20 倍有机肥与其堆沤,或者与 3～5 倍的鲜牛、猪粪共同堆沤一段时间,时间越

长肥效越好，因为在堆沤过程中，有机肥分解出的有机酸和碳酸可逐渐把磷矿粉溶解。在磷矿粉中混入适量的酸性或生理酸性肥料也可提高肥效。磷矿粉应考虑首先在吸收利用能力强的作物上施用，除上述豆科作物和油菜、萝卜菜、荞麦外，果树、油菜、橡胶树及多年生林木对磷矿粉的利用能力也较强。

磷矿粉的施用量主要取决于它的含磷量及其有效磷含量，全磷量高，有效磷高则施用量少，相反则用量要多，一般施用量多肥效大。一般每亩用量为50～100千克。磷矿粉的当年利用率很少超过10%，故它的后效较长，加之不易流失，如连年施用，土壤中就逐步积累一定的磷，那么磷肥的效果会相应降低。因此，在施用几年后可停施1—2年。

86. 钾肥可分为哪几类？常用的钾肥有哪些品种？

答：钾肥的品种较少，常用的只有氯化钾和硫酸钾，其次是钾镁肥和窑灰钾。草木灰中含有较多的钾，因此，常把草木灰当做钾肥施用。我国的钾肥资源较少，目前主要靠进口。

硫酸钾：白色或灰白色的结晶，含氧化钾为48%～52%，易溶于水，速效，适用于球根、块根、块茎花卉，一般作基肥效果好，也可用1%～2%的水溶液施于土中作追肥。

氯化钾：白色结晶，加拿大氯化钾为粉红色。含钾为50%～60%，易溶于水，属生理酸性肥料。可作基肥和追

肥。用量1%～2%。球根和块根作物忌用。

硝酸钾：为白色结晶，粗制品带黄色。含钾45%～46%、氮12%～15%。易溶于水，吸湿性小。可作基肥和追肥。适用球根等花卉，一般用1%～2%水溶液施于土中，0.3%～0.5%作根外追肥。

87. 怎样施用硫酸钾和氯化钾？

答：经常施用氯化钾和硫酸钾会提高土壤酸度，其中氯化钾酸化土壤的程度较硫酸钾大，造成钙的流失也较大，因而会引起土壤板结。但如果是石灰性土壤，由于存在大量碳酸钙，不至于引起酸化和板结。在酸性土大量施用这两种肥料时，由于酸度增高，作物有遭受酸害和铝毒的危险。所以在酸性土施用这些钾肥时，必须配合有机肥和适量石灰施用。

两种钾肥都可作基肥和追肥。作基肥时与有机肥、钙镁磷肥和骨粉等混合施用效果好。一般要将大部分作基肥，少数作追肥，而且以集中施用为好，即条施或穴施，水稻田可撒施。每亩施用量一般为10～20千克。对一般作物来说，氯化钾和硫酸钾的肥效大致相同。对忌氯作物如烟草、麻、马铃薯、葡萄、柑橘等硫酸钾效果较好。但最近据中国农科院柑橘研究所的试验表明，硫酸钾与氯化钾对柑橘品质的影响差异不大。

88. 常见的微量元素肥料有哪些？性质如何？

答:微量元素肥料的种类很多,我国目前应用的有10多种(见表11)。

表11　微量元素肥料的种类和性质

肥料	名称	主要成分	含量(%)	性质
硼肥	硼酸	H_3BO_3	B 17.5	白色结晶,溶于水
	硼砂	$Na_2B_4O_7 \cdot 10H_2O$	11.3	白色结晶,溶于水
	硼镁肥	$H_2B_4O_7 \cdot MgSO_4$	1.5	灰色粉末,主要成分溶于水
	含硼普钙	$Ca(H_2PO_4)_2 \cdot H_3BO_3$	0.6	灰黄色粉末,主要成分溶于水
钼肥	钼酸铵	$(NH_4)_2MoO_4$	Mo 49	青白色结晶,溶于水
	钼酸钠	Na_2MoO_4	39	青白色结晶,溶于水
	钼 渣	—	9～18	杂色,不溶于水
锌肥	硫酸锌	$ZnSO_4 \cdot 7H_2O$	Zn 24	白色或淡橘红色结晶,溶于水
	氯化锌	$ZnCl_2$	48	白色结晶,溶于水
	氧化锌	ZnO	80	白色结晶,不溶于水
锰肥	硫酸锰	$MnSO_4 \cdot 3H_2O$	Mn 26～28	粉红色结晶,溶于水
	氯化锰	$MnCl_2$	19	粉红色结晶,溶于水
铁肥	硫酸亚铁	$FeSO_4 \cdot 7H_2O$	Fe 19	淡绿色结晶,溶于水
铜肥	硫酸铜	$CuSO_4 \cdot 5H_2O$	Cu 25	蓝色结晶,溶于水

除上述肥料外,目前国内外正在研制和试用有机螯合

微量元素肥料。此外，还有将玻璃与微量元素一起融制成玻璃肥料的。

89. 怎样施用微量元素肥料?

答：作物需要微量元素数量少，因此，施量过多会阻碍作物生长，甚至毒害死亡；但用量过少又不起明显的作用。所以微肥的施用，既要“准”又要“稳”，“准”就是缺什么施什么，“稳”就是施用量、施用浓度要适宜，不能盲目施用。由于微量元素易被土壤固定，有效性低，土壤施肥肥效不易充分发挥。所以微肥的施用方法，除了作基肥施用外，常用作种肥（包括浸种、拌种、沾秧根）和根外施肥。

表 12　常用微肥使用方法及其使用量

名称	浸种浓度(%)	拌种用量(克/千克种子)	根外喷施浓度(%)
硼酸	0.01～0.05	1～2	0.04～0.1
硼砂	0.05～0.1	1～4	0.05～0.2
硫酸锌	0.02～0.1	2～6	0.05～0.2
钼酸铵	0.05～0.1	2～6	0.05～0.1
硫酸锰	0.05～0.1	4～8	0.05～0.1
硫酸铜	0.01～0.05	1～2	0.02～0.04
硫酸亚铁			0.75～1
硫酸亚铁铵			0.75～1

浸种时间一般为 6～12 小时，种子与溶液重量之比为 1∶(1～2)。拌种时需将肥料粉碎与少量细土混匀，然后再

与种子拌匀，如果肥料用量太少不易拌匀，可先用少量温水溶解肥料，再用水稀释到相当于浸种浓度，然后与种子拌匀。

90. 常见的铁肥有哪些？怎样施用铁肥？

答：铁肥主要有硫酸亚铁和尿素铁。硫酸亚铁，又名绿矾，含铁20%、SO_4^{2-} 11.5%。呈蓝绿色的结晶体，易溶于水，但易氧化，变成铁锈色的硫酸铁。施用方法：以(1～5)：100的比例与有机肥堆制后施入土中，提高铁的有效性和长效性。根外施用时，可用0.1%～0.5%浓度的溶液和0.05%的柠檬酸溶液一起喷于黄化了的植株上，也可配成矾肥水。饼肥、硫酸亚铁和水按1：5：200配制后发酵，浇灌于喜酸的园林植物，如杜鹃花、山茶花、栀子花和香樟等。尿素铁，是一种新的络合型化肥，其含氮量与硝酸铁相当，为34%，含铁量为8.85%，呈蓝绿色晶体，易溶于水，水溶液呈弱酸性，性质稳定，吸湿性较尿素小，其分解和硝化作用周期比尿素长。用0.1%水溶液施入土壤后有利于植物对铁的吸收，用0.1%浓度的溶液进行根外追肥，对喜酸性的栀子花、杜鹃花、茉莉等效果尤为显著。肥效优于硫酸亚铁和尿素。

91. 什么叫复合肥料？它的有效成分如何表示？

答：在一种化肥中，含有氮、磷、钾三要素中两种和两

种以上的肥料就称为复合肥料。含有任何两种要素的复合肥料称二元复合肥;同时含有三要素的肥料称为三元复合肥。复合肥分为化成复合肥和混成复合肥。化成复合肥是经化学反应制成的,通常是一种盐,有较固定的化学组成,如磷酸铵。混成复合肥是由两种或两种以上的盐按一定比例混合而成。化成复合肥和混成复合肥在肥效上没有太大的差异。

三元复合肥多半是混成复合肥。一般有硫磷钾、销磷钾和尿磷钾几种。目前进口的三元复合肥多数是含氮磷钾各15%的1∶1∶1的肥料。为了更好地满足作物对多种养分的需要和弥补某些土壤某种营养元素的不足,在三元复合肥料中再加入某些营养元素如微量元素制成的肥料称为多元复合肥料。此外,国际市场上还生产含有农药或生长调节剂的多功能复合肥料。

复合肥的有效成分一般用分析式表示,即 $N-P_2O_5-K_2O$ 表示相应的养分百分含量。如 15－15－15 表示含氮、磷、钾各15%。几种成分的总和称为养分总量,总量高于30%的习惯上称为高浓度复合肥。国家规定,总养分量要在25%以上的复合肥才能作商品出售。目前许多地方生产的复合肥多为混合复合肥,其养分总量多在30%以下。

表 13　常用复合肥的品种和养分含量

名　称	有效养分(%)		适用作物及土壤
	$N-P_2O_5-K_2O$	养分总量	
磷酸铵	18－46－0	64	需磷多的作物和缺磷土壤
硫磷铵	16－20－0	36	一般作物和含钾较多土壤
硝磷铵	25－25－0	50	一般作物和蔬菜，含钾较多的土壤
	28－14－0	42	
硝酸钾	13－0－45	58	需钾多的作物和果树，含磷较丰富的土壤
尿素	29－29－0	58	需氮磷多的作物和缺氮磷的土壤
磷酸铵	34－17－0	51	
磷酸二氢钾	0－23－27	50	豆科和需磷、钾多的作物，缺磷钾土壤
氮磷钾一号	12－24－12	48	多种作物及缺磷土壤
氮磷钾二号	10－20－15	45	缺磷、钾土壤
氮磷钾三号	10－30－10	50	需磷多的作物及缺磷土壤

92. 复合肥有哪些优点和不足？

答：复合肥有如下优点：

(1) 养分含量高，主要营养元素多

复合肥的养分总量一般比较高，营养元素种类较多，一次施用复合肥，至少同时可供应作物两种以上的主要营养元素。

(2) 副成分少,结构均匀

例如,磷酸铵不含任何无用的副成分,其阴、阳离子均为作物吸收的主要营养元素。这种肥料养分分布比较均一,在制成颗粒后与粉状或结晶状的单元肥料相比,结构紧密,养分释放均匀,肥效稳而长。由于副成分少,对土壤不利影响小。

(3) 物理性状好

复合肥一般多制成颗粒,吸湿性小,不易结块,便于贮存和施用,特别便于机械化施肥。

(4) 节省贮运费用和包装材料

由于复合肥中副成分少,有效成分含量一般比单元肥料高,所以能节省包装及贮存运输费用。例如,每贮运 1 吨磷酸铵,约等于贮运过磷酸钙及硫酸铵共 4 吨。

复合肥也存在一定的缺点,主要是:

(1) 养分的比例固定,难以满足各类土壤和各种作物的需要。

(2) 各种养分在土壤中运动速率各不相同,被保持和流失的程度也不同,因而在施用时间、施肥位置等方面很难满足施肥技术上的要求。

虫害防治篇

93. 快速准确诊断植物病害具有什么意义?

答:诊断就是判断植物生病的原因,确定病原类型和病害种类,为病害防治提供科学依据。

(1) 认识病害,掌握病害发生规律是为了防治病害。

(2) 植保工作者的职责是对有病植物作准确的诊断鉴定,然后提出合适的防治措施来控制病害,力求减少因病害所造成的损失。

(3) 植物医学不同于人体医学,服务的对象是植物,它的经历和受害程度,全凭植病专家的经验和知识去调查与判断。

(4) 及时准确地诊断,采取合适的防治措施,可以挽救植物的生命和产量。如果诊断不当或失误(误诊),就会贻

误时机，造成更大损失。

94. 如何诊断植物病害？

答：应该是从症状入手，全面检查，仔细分析，下结论要留有余地。

首先是仔细观察病植物的所有症状，寻找对诊断有关键性作用的症状特点，如有无病征、是否大面积同时发生等。

其次是询问和查对资料，仔细分析，要掌握尽量多的病例特点，结合镜检、剖检等全面检查。自然界里变化万千，任何典型症状都可能有例外。

诊断的程序一般包括：① 症状的识别与描述；② 询问病史与查阅有关档案；③ 采样检查（镜检与剖检等）；④ 专项检测；⑤ 用逐步排除法得出结论。

95. 快速精确诊断植物病害的关键是什么？

答：植物病害的诊断，首先要区分是属于侵染性病害还是非侵染性病害。许多植物病害的症状有很明显的特点。在多数情况下，正确的诊断还需要作详细和系统的检查，而不仅仅是根据外表的症状。

（1）侵染性病害

病害有一个发生、发展或传染的过程；在特定的品种或环境条件下，病害轻重不一；在病株的表面或内部可以发现

其病原体存在(病征),它们的症状也有一定的特征。大多数的真菌病害、细菌病害、线虫病害以及所有的寄生植物可以在病部表面看到病原物,少数要在组织内部才能看到,多数线虫病害侵害根部,要挖取根系。有些真菌和细菌病害,所有的病毒病害和原生动物的病害,在植物表面没有病征,但症状特点仍然是明显的。

① 寄生植物引起的病害。在病植物体上或根际可以看到其寄生物,如寄生藻、菟丝子、独脚金等。

② 线虫病害。在植物根表、根内、根际土壤、茎或籽粒(虫瘿)中可见到有线虫寄生,或者发现有口针的线虫存在。线虫病的病状有虫瘿或根结、胞囊、茎(芽、叶)坏死、植株矮化黄化、缺肥状。

③ 真菌病害。大多数真菌病害在病部产生病征,或稍加保湿培养即可生出子实体来。要区分这些子实体是病原真菌的子实体,还是次生或腐生真菌的子实体,因为在病斑部、尤其是老病斑或坏死部分常有腐生真菌和细菌污染,并充满表面。可靠的方法是从新鲜病斑的边缘作镜检或分离,选择合适的培养基,一些特殊性诊断技术也可以选用。按柯赫氏法则进行鉴定,尤其是接种后看是否发生同样病害是最基本的,也是最可靠的一项。

④ 细菌病害。初期有水渍状或油渍状边缘,半透明,病斑上有菌脓外溢,斑点、腐烂、萎蔫、肿瘤大多数是细菌病害的特征,部分真菌也引起萎蔫与肿瘤。切片镜检有无喷菌现象是最简便易行又最可靠的诊断技术。用选择性培养基来分离细菌挑选出来再用于过敏反应的测定和接种也是

很常用的方法。革兰氏染色、血清学检验和噬菌体反应也是细菌病害诊断和鉴定中常用的快速方法。

⑤ 菌原体病害。菌原体病害的特点是植株矮缩、丛枝或扁枝，小叶与黄化，少数出现花变叶或花变绿。只有在电镜下才能看到菌原体。注射四环素以后，初期病害的症状可以隐退消失或减轻。对青霉素不敏感。

⑥ 病毒病害。病毒病的症状以花叶、矮缩、坏死为多见。无病征，撕取表皮镜检时有时可见有内含体。在电镜下可见到病毒粒体和内含体。采取病株叶片用汁液摩擦接种或用蚜虫传毒接种可引起发病；用病汁液摩擦接种在指示植物或鉴别寄主上可见到特殊症状出现。用血清学诊断技术可快速作出正确的诊断。必要时作进一步的鉴定试验。

⑦ 复合侵染的诊断。当一株植物上有两种或两种以上的病原物侵染时可能产生两种完全不同的症状，如花叶和斑点、肿瘤和坏死。首先要确认或排除一种病原物，然后对第二种作鉴定。两种病毒或两种真菌复合侵染是常见的，可以采用不同介体或不同鉴别寄主过筛的方法将其分开。柯赫氏法则在鉴定侵染性病原物时是始终要遵守的一条准则。

(2) 非侵染性病害

从病植物上看不到任何病征，也分离不到病原物；往往大面积同时发生同一症状的病害；没有逐步传染扩散的现象等，大体上可考虑是非侵染性病害。除了植物遗传性疾病之外，主要是不良的环境因素所致。不良的环境因素种

类繁多，但大体上可从发病范围、病害特点和病史几方面来分析。

① 病害突然大面积同时发生，发病时间短，只有几天，大多是由于大气污染、三废污染或气候因素如冻害、干热风、日灼所致。

② 病害只限于某一品种发生，是生长不宜或有系统性的症状导致的表现，多为遗传性障碍所致。

③ 有明显的枯斑、灼伤，且多集中在某一部位的叶或芽上，无既往病史，大多是由于使用农药或化肥不当所致。

④ 明显的缺素症状，多见于老叶或顶部新叶。

非侵染性病害约占植物病害总数的1/3。掌握了对生理病害和非侵染性病害的诊断技术，还需分清病因以后，才能准确地提出防治对策，提高防治效果。

96. 植物病害防治的原理是什么？

答：植物病害防治就是通过人为干预，改变植物、病原物与环境的相互关系，减少病原物数量，削弱其致病性，保持与提高植物的抗病性，优化生态环境，以达到控制病害的目的，从而减少植物因病害流行而蒙受的损害。

防治病害按照其作用原理，通常分为回避、杜绝、铲除、保护、抵抗和治疗等几种途径。每种防治途径又发展出许多防治方法和防治技术，分属于植物检疫、农业防治、抗病性利用、生物防治、物理防治和化学防治等不同领域。从主要流行学效应来看，各种病害防治途径和方法不外乎通过

减少初始菌量(x_0)、降低流行速度(r),或者同时作用于两者来阻滞病害流行(表14)。

表14 植物病害防治途径及其流行学效应

植物病害防治途径和方法	主要流行学效应
A. 回避(植物不与病原物接触)	
1. 选择不接触或少接触病原物的栽培地区、田块和时期	减少初始菌量,降低流行速度(r)
2. 选择无病植物繁殖材料	减少初始菌量(x_0)
3. 采用防病栽培技术	降低流行速度(r)
B 杜绝(防治病原物传入未发生地区)	
1. 种子和无性繁殖材料的除害处理	减少初始菌量(x_0)
2. 培育无病种苗,实行种子健康检验和种子证书制度	减少初始菌量(x_0)
3. 植物检疫	减少初始菌量(x_0)
4. 排除传病昆虫介体	减少初始菌量,降低流行速度(r)
C. 铲除(除掉已发生的病原物)	
1. 生物防治	减少初始菌量,降低流行速度(r)
2. 轮作、降低土壤内病原物数量	减少初始菌量(x_0)
3. 拔除病株	减少初始菌量,降低流行速度(r)
4. 铲除转主寄主和野生寄主	减少初始菌量(x_0)
5. 田园卫生措施	减少初始菌量(x_0)
6. 植物繁殖材料的热处理和药剂处理	减少初始菌量(x_0)
7. 土壤消毒	减少初始菌量(x_0)

续 表

植物病害防治途径和方法	主要流行学效应
D. 保护(保护植物免受病原物侵染)	
1. 保护性药剂防治	降低流行速度(r)
2. 防治性病介体	降低流行速度(r)
3. 采用农业防治措施,改良环境条件和植物营养条件	降低流行速度(r)
4. 利用交互保护作用和诱发抗病性	减少初始菌量(x_0)
E. 抵抗(利用植物抗病性)	
1. 选育和利用具有小种专化抗病性的品种	减少初始菌量(x_0)
2. 选育和利用具有非小种专化抗性的品种	降低流行速度(r)
3. 选育和利用兼具有两类抗病性的品种	减少初始菌量,降低流行速度(r)
4. 利用化学免疫和栽培(生理)免疫	降低流行速度(r)
F. 治疗(治疗罹病植物)	
1. 化学治疗	减少初始菌量(x_0)
2. 热力治疗	减少初始菌量(x_0)
3. 外科手术(切除罹病部分)	减少初始菌量(x_0)

注:根据 Zadoks 和 Schein 原表修订。

97. 什么是农业防治?农业防治有哪些具体措施?

答:农业防治又称环境管理或栽培防治,其目的是在全面分析寄主植物、病原物和环境因素三者相互关系的基

础上，运用各种农业调控措施，压低病原物数量，提高植物抗病性，创造有利于植物生长发育而不利于病害发生的环境条件。农业防治措施大都是农田管理的基本措施，可与常规栽培管理结合进行，不需要特殊设施。但是，农业防治方法往往有地域局限性，单独使用有时收效较慢，效果较低。

（1）使用无病繁殖材料

① 生产和使用无病种子、苗木、种薯以及其他繁殖材料，可以有效防止病害传播和压低初侵染接种体数量。

② 种子生产基地需设在无病或轻病地区，并采取严格的防病和检验措施。

③ 热力治疗和茎尖培养已用于生产无病毒种薯和果树无病毒苗木。马铃薯茎尖生长点部位不带有病毒，可在无菌条件下切取茎尖0.2～0.4毫米进行组织培养，得到无病毒试管苗，再扦插扩繁，收获无病毒微型薯用于生产。

（2）建立合理的种植制度

① 合理的种植制度有多方面的防病作用，它既可能调节农田生态环境，改善土壤肥力和物理性质，从而有利于作物生长发育和有益微生物繁衍，又可能减少病原物存活，中断病害循环。

② 各地作物种类和自然条件不同，种植形式和耕作方式也非常复杂，诸如轮作、间作、套种、土地休闲和少耕免耕等具体措施对病害的影响也不一致。

③ 各地必须根据当地具体条件，兼顾丰产和防病的需要，建立合理的种植制度。

(3) 保持田园卫生

田园卫生措施包括清除收获后遗留田间的病株残体，生长期拔除病株与铲除发病中心，施用净肥以及清洗消毒农机具、工具、架材、农膜、仓库等。这些措施都可以显著减少病原物接种体数量。

① 作物收获后彻底清除田间病株残体，集中深埋或烧毁，能有效地减少越冬或越夏菌源数量。这一措施对于多年生作物尤为重要。

② 多种植物病毒及其传毒昆虫介体在野生寄主上越冬或越夏，铲除田间杂草可减少毒源。有些锈菌的转主寄主在病害循环中起重要作用，也应当清除。

③ 深耕深翻可将土壤表层的病原物休眠体和带菌植物残屑掩埋到土层深处，是重要的田园卫生措施。

④ 拔除田间病株，摘除病叶和消灭发病中心，能阻止或延缓病害流行。

(4) 加强栽培管理

① 改进栽培技术、合理调节环境因素、改善栽培条件、调整播期、优化水肥管理等都是重要的农业防治措施。

② 合理调节温度、湿度、光照和气体组成等要素，创造不适于病原菌侵染和发病的生态条件，对于温室、塑料棚、日光温室、苗床等保护地病害防治和贮藏期病害防治有重要意义。

③ 播种期、播种深度和种植密度不适宜都可能诱发病害。

④ 水肥管理与病害消长关系密切，必须提倡合理施肥

和灌水。灌水不当，田间湿度过高，往往是多种病害发生的重要诱因。

98. 为什么使用植物抗病品种可以防治病害？

答：选育和使用抗病品种是防治植物病害最经济、最有效的途径。人类使用抗病品种控制了大范围流行的毁灭性病害。对许多难以运用农业措施和农药防治的病害，特别是土壤病害、病毒病害以及林木病害，选育和使用抗病品种几乎是唯一可行的防治途径。使用抗病品种不仅有较高的经济效益，而且可以避免或减轻因使用农药而造成的残毒和环境污染问题。

历史上曾发生的一些毁灭性病害，如欧洲的马铃薯晚疫病、爪哇的甘蔗病毒病等，都是通过抗病品种得以解决的。小麦条锈病、秆锈病、白粉病、稻瘟病、马铃薯晚疫病、烟草黑胫病、棉花枯萎病和黄萎病等的多次流行和大面积发生，都是靠种植抗病品种为主辅以其他防治措施而得到控制的。

99. 如何合理使用抗病品种？

答：合理使用抗病品种的主要目的是充分发挥其抗病性的遗传潜能，防止品种退化，推迟抗病性丧失现象的发生，延长抗病品种的使用年限。当前所应用的抗病品种多数仅具有小种专化抗病性，推广应用后，就可能使病原菌群

体中能够侵染该抗病品种的毒性菌株得以保存和发展起来，成为稀有小种。

抗病品种推广的面积越大，这些稀有小种积累的速度也越快，逐渐在病原菌群体中占据数量优势，成为优势小种，此时抗病品种就逐渐丧失抗病性，成为感病品种。这种抗病性“丧失”现象，是抗病品种应用中最重要的问题。小麦的抗锈品种、抗白粉病品种，水稻的抗瘟品种，马铃薯的抗晚疫病品种等，抗病性迅速丧失现象尤为严重。为了克服或延缓品种抗病性的丧失，延长品种使用年限，必须做到以下几点：

① 在育种时尽量应用多种类型的抗病性和使用抗病基因不同的优良抗源，改变抗病性遗传基础贫乏而单一的局面。

② 搞好抗病品种的合理布局，在病害的不同流行区采用具有不同抗病基因的品种，在同一个流行区内也要搭配使用多个抗病品种。

③ 有计划地轮换使用具有不同抗病基因的抗病品种，选育和应用具有多个不同主效基因的聚合品种或多系品种等。

注：多系品种是由10个左右相近的独立基因系组成，每个基因系具有一个垂直抗性基因，各基因抗性谱有差异，而其他基因相同。聚合品种：将多个不同的垂直抗性基因集中于一个品种中。

100. 什么是生物防治？生物防治有哪些措施？

答：生物防治是指利用有益生物防治植物病害的各种措施。迄今所利用的主要是有益微生物，有益微生物亦称拮抗微生物或生防菌。生物防治措施通过调节植物的微生物环境来减少病原物接种体数量，降低病原物致病性和抑制病害的发生。

生物防治主要用于防治土传病害，也用于防治叶部病害和收获后病害。由于生物防治效果不够稳定，适用范围较狭窄，生防菌地理适应性较低，生防制剂的生产、运输、贮存又要求较严格的条件，其防治效益低于化学防治，现在还主要用作辅助防治措施。

植物病害的生物防治有两类基本措施：其一是大量引进外源拮抗菌，其二是调节环境条件，使已有的有益微生物群体增长并表现拮抗活性。具体措施如下：

（1）引进外源拮抗菌

如：①放射土壤杆菌 K84→土壤杆菌素 A84→多种作物根癌病；②木霉制剂→种子、苗床→根腐、茎腐病（腐霉、疫霉、核盘菌、立枯丝核菌、小菌核菌引起）；③用含酵母菌的2%氯化钙水溶液浸渍果实，可抑制苹果灰霉病、青霉病；④烟草花叶病毒弱毒系 N11，N14 接种，CMV 弱毒系 S52 接种辣椒、番茄幼苗，可诱导交互保护作用。

（2）调节土壤环境条件，增强拮抗生物的竞争能力

①向土壤中添加有机质（如作物秸秆、厩肥、绿肥、纤维

素、木质素、几丁质等）可提高土壤碳氮比，有利于拮抗菌发育，减轻多种根病；

②利用耕作、栽培措施调节土壤酸碱度和物理性状，也可提高有益微生物的抑病能力。

（3）开发利用抑菌土

抑菌土，即积累了大量拮抗微生物的土壤。

101. 什么是土传病害？导致土传病害发生的因素有哪些？

答：土传病害是指由土传病原物侵染引起的植物病害，属根病范畴。侵染病原包括真菌、细菌、放线菌、线虫等，其中以真菌为主。土传病害分为非专性寄生与专性寄生两类。非专性寄生是外生的根侵染真菌，如腐霉菌引起苗腐和猝倒病。专性寄生是植物微管束病原真菌，如黄萎轮枝孢等引起的萎蔫、枯死。

导致土传病害发生的原因有以下三个方面：

（1）连作

连作是病土形成的主要人为因素，主要原因由于连续种植一类作物，使相应的某些病菌得以连年繁殖，在土壤中大量积累，形成病土，年年发病。如，茄科蔬菜连作，疫病、枯萎病等发生严重；西瓜连作，枯萎病发生严重；姜连作，可导致严重的姜瘟；草莓连作 2 年以上则死苗 30％～50％。

（2）施肥不当

大量施用化肥尤其氮肥可刺激土传病菌中的镰刀菌、

轮枝菌和丝核菌生长，从而加重土传病害的发生。自1993年我国棉花黄萎病大爆发以来，几乎连年发生，与棉田大量使用化肥、土壤中有机物质大量减少有关。

(3) 线虫侵害

土壤线虫与病害有密切关系。土壤线虫可造成植物根系的伤口，有利病菌侵染而使病害加重，往往线虫与真菌病害同时发生，如棉花枯萎病与土壤线虫密不可分，在美国棉花枯萎病称为枯萎—线虫复合病害。

102. 如何防治土传病害？

答：防治土传病害，必须认真实行“以防为主、综合防治”的植保方针，切实做好以下几项工作。

(1) 利用温室封闭性能好的特点，在暑季室内作物换茬时，采取水淹、或火烧、高温焖室等技术措施，铲除室内土壤中残留病菌，净化土壤，力争室内无菌，杜绝以上各类病害的初次侵染。

(2) 注意肥料卫生，严防带菌肥料进入温室；施用的有机肥料，必须经过暑季覆盖塑料薄膜高温处理、充分腐熟，并用3000倍96%天达恶霉灵药液细致喷洒杀菌后，方可施用。

(3) 管理人员进室管理，要在室外的操作房中更换鞋袜和工作服，防止衣物、鞋袜带菌入室；室外的操作房地面，要撒有石灰面消毒，鞋袜和工作服要勤洗勤晒、杀菌消毒；人员进入温室后，要随手关门落锁，严禁外来人员、特别是

其他温室的管理人员进入室内，以防其他温室病害交互感染和室外病菌侵入温室。

(4) 培育壮苗，育苗时，要选用无菌基质配制营养土，并用3000倍96%天达恶霉灵药液细致喷洒营养土，彻底杀灭土内残存病菌。

此外，有为数不少的病害，种子带菌，育苗前须用3000倍96%天达恶霉灵或1%的高锰酸钾、或10%磷酸三钠等药液浸种10～30分钟，杀灭病菌。

建苗床时，要在营养土下面铺薄膜、设灌溉水管、实行土下渗灌，并调控好苗床光照、温度，搞好病虫害防治，促成壮苗。

(5) 秧苗移栽时，须用3000倍96%天达恶霉灵加2000倍天达高效氯氟氰菊酯药液细致喷洒苗床和秧苗，做到净苗入室。栽植后及时用1000倍壮苗型“天达2116”和3000倍96%天达恶霉灵，或500～1000倍旱涝收和3000倍96%天达恶霉灵药液灌根，每株150～200毫升；以后结合根外追肥和防病用药，掺加600～1000倍“天达2116”或芸苔素内酯(硕丰481)药液喷洒植株，每10—15天一次。连续喷洒4—5次，促进营养体的生长发育，提高光合效率，增根壮秧，增强植株的抗病性和适应性能，使之减少发病或不发病。

(6) 实行轮作，恶化病菌的生态条件，减少侵染；增施有机肥料、磷钾肥料和微量元素肥料，调整好植株营养生长与生殖生长的关系，维持植株健壮长势，提高作物的抗病性。

(7) 一旦发现病害,要针对病害种类,立即采取果断措施,对症下药,坚决彻底铲除之。决不让其孳生、蔓延。

103. 防治土传病害过程中应注意哪些误区?

答:防治土传病害应注意以下误区:

(1) 对病害诊断不清,胡乱用药。如,白菜根肿病有一些农户误认为是线虫引起,而使用了线虫药剂防治。再如,青枯病与枯萎病的诊断不准,细菌病害误用了真菌药剂防治,造成没有对症下药,防治效果不好。

(2) 不注重前期的预防工作,病害发生时才开始用药,导致土传病害的发生不能很好得到防治,甚至造成作物减产、绝收。

104. 什么是物理防治? 具体有哪些措施?

答:物理防治主要利用热力、冷冻、干燥、电磁波、超声波、核辐射、激光等手段抑制、钝化或杀死病原物、达到防治病害的目的。各种物理防治方法多用于处理种子、苗木、其他植物繁殖材料和土壤。核辐射则用于处理食品和贮藏期农产品,处理食品时需符合法定的安全卫生标准。

(1) 热处理法

干热处理法主要用于蔬菜种子,对多种传病毒、细菌和真菌都有防治效果。黄瓜种子经 70℃干热处理 2—3 天,可使绿斑花叶病毒失活。番茄种子经 75℃处理 6 天或

80℃处理5天可杀死种传黄萎病菌。不同植物的种子耐热性有差异，处理不当会降低萌发率。豆科作物种子耐热性弱，不宜干热处理。含水量高的种子受害也较重，应先行预热干燥。干热法还用以处理原粮、面粉、干花、草制品和土壤等。

(2) 温汤浸种

用热水处理种子和无性繁殖材料，可杀死在种子表面和种子内部潜伏的病原物。热水处理利用植物材料与病原物耐热性的差异，选择适宜的水温和处理时间以杀死病原物而不损害植物。棉种经硫酸脱绒后，用55～60℃的热水浸种半小时，可杀死棉花枯萎病菌和多种引致苗病的病原菌。大豆和其他大粒豆类种子水浸后会迅速吸水膨胀脱皮，不适于热水处理，可改用植物油、矿物油或四氯化碳代替水作为导热介质进行处理。

(3) 热蒸汽

热蒸汽也用于处理种子、苗木，其杀菌有效温度与种子受害温度的差距较干热灭菌和热水浸种大，对种子发芽的不良影响较小。热蒸汽还用于温室和苗床的土壤处理。通常用80～95℃蒸汽处理土壤30～60分钟，可杀死绝大部分病原菌，但少数耐高温微生物和细菌和芽孢仍可继续存活。

(4) 特殊颜色和物理性质的塑料薄膜

蚜虫忌避银灰色和白色膜，用银灰反光膜或白色尼龙纱覆盖苗床，可减少传毒介体蚜虫数量，减轻病毒病害。夏季高温期铺设黑色地膜，吸收日光能，使土壤升温，能杀死

土壤中多种病原菌。

105. 如何采用物理机械方法防治害虫?

答:利用各种物理因素、人工或器械杀灭害虫的方法均属于物理机械方法。

(1) 防虫网覆盖栽培蔬菜

指应用大棚或小拱棚的骨架,上覆盖30目尼龙网,在全封闭的情况下,栽培蔬菜,利用尼龙细网的阻隔,达到防虫害的目的。大棚适合瓜类、豆类和大叶菜类栽培用,小拱棚适合短期绿叶菜类栽培用。

防虫网覆盖,防虫效果达96%以上,可以不必喷洒任何农药治虫,抗御台风暴雨、冰雹的自然灾害;还有增湿降温的效果。最适合夏秋季病虫害发生高峰季节的蔬菜栽培或育苗用。

(2) 人工机械捕杀

当害虫发生面积不大,不适于采用其他防治措施时,可进行人工捕杀。

(3) 黑光灯诱杀

很多夜间活动的昆虫具有趋光性,可利用各种诱虫灯进行诱杀。夜蛾、螟蛾、毒蛾、菜蛾等几十种蛾类以及金龟子、蝼蛄、叶蝉等害虫可用黑光灯诱杀。

(4) 黄板诱杀蚜虫

黄色对蚜虫有强大引诱力。如用黄板诱除可使菜蚜晚发生半个月左右,以后蚜虫量也很少;还可以减轻病毒病的

发生。因为病毒病是靠有翅蚜虫传播感染的。黄板由塑料薄膜或塑料薄板制成，一般为长方形。薄膜的四周用方框固定，左右加一根支柱，以便插入地里。塑料薄膜一般为两层，膜内壁涂黄色广告色，膜外两面涂机油；黄色的塑料板，只要两面涂机油就可以了。设置田间高度不超过 1 米，略高于菜株，每 1 亩地设 8 块。

106. 什么是化学防治?

答: 化学防治法是使用农药防治植物病害的方法。农药具有高效、速效、使用方便、经济效益高等优点，但使用不当可对植物产生药害，引起人畜中毒，杀伤有益微生物，导致病原物产生抗药件。农药的高残留还可造成环境污染。

当前化学防治是防治植物病虫害的关键措施，在面临病害大发生的紧急时刻，甚至是唯一有效的措施。

107. 农药有哪几类?

答: 农药是指用于预防、消灭或者控制危害农业、林业的病、虫、草和其他有害生物以及有目的地调节植物、昆虫生长的化学合成或者来源于生物、其他天然物质的一种物质或者几种物质的混合物及其制剂。农药使用不当或滥施农药，会对农业生态环境和农产品造成严重污染，进而直接危害人类健康。

（1）按用途

农药按不同用途可分为杀菌剂（杀真菌剂、杀细菌剂、抗病毒剂、杀线虫剂）、杀虫剂（杀昆虫剂、杀螨剂）、杀鼠剂、植物和昆虫生长调节剂、除草剂等。

（2）按来源

农药按来源可分为化学合成农药、生物源性农药（微生物源性农药、动物源性农药、植物源性农药）、天然物质等。

（3）按作用

农药按不同作用分为触杀剂、胃毒剂、内吸剂、熏蒸剂、烟雾剂、特异剂（蜕皮剂、性诱剂）等。

（4）按成分

农药按不同成分分为有机磷农药、有机氮农药、有机氯农药、氨基甲酸酯类农药、菊酯类农药、生物农药、铜制剂、硫制剂、钙制剂、汞制剂、砷制剂、氟制剂、铅制剂等。

108. 什么是农药残留？

答：农药残留是指一部分农药由于其很强的化学稳定性，施用后不易降解，仍有大部分或部分残留在土壤中、作物上及其他环境中（微量农药原体、有毒代谢物、降解物和杂质的总称）。残存的量称残留量，以每千克样品中有多少毫克来表示。农药残留是施药后的必然现象，但如果超过最大残留限量，对人畜产生不良影响或通过食物链对生态系统中的生物造成毒害，则称为农药残留毒性。

使用农药防治病虫草害后，一个时期内没有分解而残

存于收获物土壤水源大气中的那部分农药及其有毒衍生物，即是农药残留。农药残留对人类的毒害，尤其是慢性毒性引起的毒害，即为农药残毒。

109. 农药残留会引起哪些污染?

答:

(1) 农药对土壤、农作物的污染

由于农药的大量、大面积使用，不当滥用，以及农药的不可降解性，已对地球造成严重的污染，并由此威胁着人类的安全。1962—1971 年，在越南战争中，美国向越南喷洒了 6434 升落叶剂—2,4－二氯苯氧基乙酸和 2,4,5－三氯苯氧基乙酸。在 2,4－二氯苯氧基乙酸和 2,4,5－三氯苯氧基乙酸中还含有剧毒的副产物二噁英类化合物，其结果造成大批越南人患肝癌、孕妇流产和新生儿畸形。这证明了有机氯农药有严重的毒害作用。此后，美国和其他西方国家便陆续禁止在本国使用有机氯农药，中国也在 1983 年禁止有机氯农药的生产和使用。

据统计，中国每年农药使用面积达 1.8 亿公顷，20 世纪 50 年代以来使用的六六六达到 400 万吨、滴滴涕 50 多万吨，受污染的农田 1330 万公顷。20 世纪 80 年代禁止生产和使用有机氯农药后，代之以有机磷、氨基甲酸酯类农药，但其中一些品种比有机氯的毒性大 10 倍甚至 100 倍，农药对环境的排毒系数比 1983 年还高；而且，这些农药虽然低残留，但有一部分与土壤形成结合残留物，虽然可暂时

避免分解或矿化，但一旦由于微生物或土壤动物活动而释放，将产生难以估计的祸害。

（2）农药对环境的污染

由于农药的施用通常采用喷雾的方式，农药中的有机溶剂和部分农药飘浮在空气中，污染大气；农田被雨水冲刷，农药则进入江河，进而污染海洋。这样，农药就由气流和水流带到世界各地。残留土壤中的农药则可通过渗透作用到达地层深处，从而污染地下水。水域中的农药通过浮游植物→浮游动物→小鱼→大鱼的食物链传递、浓缩，最终到达人类，在人体中累积。

（3）农药对生态的破坏

农药的不当滥用，导致害虫、病菌的抗药性。据董敏统计，世界上产生抗药性的害虫从1991年的15种增加到800多种，中国也至少有50多种害虫产生抗药性。抗药性的产生造成用药量的增加，乐果、敌敌畏等常用农药的稀释浓度已由常规的1/1000提高到1/400～1/500，某些菊酯类农药稀释倍数也由3000～5000倍提高到1000倍左右。

大量和高浓度使用杀虫剂、杀菌剂的同时，杀伤了许多害虫天敌，破坏了自然界的生态平衡，使过去未构成严重危害的病虫害大量发生，如红蜘蛛、介壳虫、叶蝉及各种土传病害。此外，农药也可以直接造成害虫迅速繁殖，20世纪80年代后期，湖北使用甲胺磷、三唑磷治稻飞虱，结果刺激稻飞虱产卵量增加50％以上，用药7—10天即引起稻飞虱再猖獗。这种使用农药的恶性循环，不仅使防治成本增高、

效益降低，更严重的是造成人畜中毒事故增加。

长期大量使用化学农药不仅误杀了害虫天敌，还杀伤了对人类无害的昆虫，影响了以昆虫为生的鸟、鱼、蛙等生物；在农药生产、施用量较大的地区，鸟、兽、鱼、蚕等非靶生物伤亡事件也时有发生。世界野生动物基金会1998年发表报告说，若以1970年地球生物指数为100，则1995年已下降到68，在短短的25年中，地球上32%的生物被毁灭。在此期间，海洋生物指数下降30%。

110. 安全合理地使用农药应遵循哪些准则？

答：

(1) 科学合理用药，提高药效

①掌握农药性能。首先要掌握农药种类、剂型：常用的剂型有乳剂、油剂、水剂、可湿性粉剂、悬浮剂、粉剂、粉尘剂、烟剂等；其次，要掌握农药用量及稀释方法：

农药用量(克/毫升)＝用水量(公斤)/稀释倍数×1000

最后，掌握农药的混合与交替使用方法，几种农药混合或交替使用具有许多优点：可以减少施药次数，混用的农药可以取长补短，可以预防病虫抗药性的产生，有增效作用，能降低某种农药对作物产生的药害。

②搞清楚防治对象。不同的防治对象对农药的反应不同，如昆虫对三氯杀螨醇有高度的自然抗药性，而螨类则十分敏感；霜霉病对铜制剂很敏感，而对硫制剂则表现出耐药性。在害虫的防治中，以幼虫和成虫的耐药力弱，而卵和蛹

的耐药力强。

③注意环境条件。温度:对于一般药剂,在一定温度范围内温度升高,药效增加。但是,温度越高,药剂分解或挥发越快,残效期就越短。温度高时,也增加了药剂对作物的药害和对人、畜的毒害作用。降雨:雨天或下雨前夕不宜喷药,因为降雨可以冲刷掉喷施的药剂。风:风可以加快药剂的挥发和消失,所以 3 级以上的大风天不宜喷药。

(2) 安全用药,防止毒害

①农药对作物的药害。农药使用不当,就会对农作物的生长发育产生不良影响,从而影响农作物的产量、质量,甚至全部毁灭。药害可分急性药害和慢性药害。

②农药对有益生物的毒害。一方面农药会杀害天敌,施用广谱性杀虫剂,不仅杀死害虫,而且大量杀死害虫的天敌,因此,尽量选择挑治,反对"有虫无虫喷遍"或见虫就打药的做法。另一方面杀害传粉昆虫,传粉昆虫对许多植物的授粉和增产起着重要的作用。如果田间用药不注意保护,传粉昆虫将会大量被杀死,从而影响农业生产。此外,对人、畜的毒害,包括急性中毒和慢性中毒,前者指一次吞服或接触大量药剂后,很快表现出中毒症状;后者指长期吞服或接触小量药剂后,逐渐表现出中毒症状。如,致癌性、致畸性、致突变性。

(3) 国家明令禁止使用的农药

六六六、滴滴涕、毒杀芬、二溴氯丙烷、杀虫脒、二溴乙烷、除草醚、艾氏剂、狄氏剂、汞制剂、砷类、铅类、敌枯双、氟乙酰氨、甘氟、毒鼠强、氟乙酸钠、毒鼠硅、甲胺磷、甲基对硫

磷、对硫磷、久效磷、磷胺等。

（4）在瓜菜、中药材上禁用或限制使用的农药

氧化乐果、甲拌磷、甲基硫环磷、治螟磷、内吸磷、克百威、涕灭威、灭线磷、硫环磷、毒蝇磷、地虫硫磷、氯唑磷、苯线磷、甲基异柳磷、特丁硫磷等。其中甲胺磷、对硫磷、甲基对硫磷、久效磷和磷胺，已撤销登记并全面禁止在农业上使用。

（5）国家推荐常用的无公害农药

1）杀虫、杀螨剂。①生物制剂和天然物质，包括苏云金杆菌、小菜蛾颗粒体病毒、棉铃虫核多角体病毒、苦参碱、印楝素、烟碱、鱼藤酮、苦皮藤素、阿维菌素、多杀菌素、浏阳霉素、白僵菌、除虫菊素、硫磺等。②合成制剂，包括菊酯类—溴氰菊酯、氟氯氰菊酯、氯氟氰菊酯、氯氰菊酯、联苯菊酯、氰戊菊酯、甲氰菊酯、氟丙菊酯；氨基甲酸酯—硫双威、丁硫克百威、抗蚜威、异丙威、速灭威，有机磷—辛硫磷、毒死蜱、敌敌畏、马拉硫磷、乙酰甲胺磷、乐果、三唑磷、杀螟硫磷、倍硫磷、丙溴磷、二嗪磷、亚胺硫磷，昆虫生长调节剂—灭幼脲、氟啶脲、氟铃脲、氟虫脲、除虫脲、噻嗪酮、抑食肼、虫酰肼，专用杀螨剂—哒螨灵、四螨嗪、唑螨酯、三唑锡、炔螨特、噻螨酮、苯丁锡、单甲脒、双甲脒，其他—杀虫单、杀虫双、杀螟丹、甲胺基阿维菌素、啶虫脒、吡虫啉、灭蝇胺、氟虫腈、溴虫腈丁醚脲。

2）杀菌剂。①无机杀菌剂。碱式硫酸铜、王铜、氢氧化铜、氧化亚铜、石硫合剂。②生物制剂。井冈霉素、农抗120、茹类蛋白多糖、春雷霉素、多抗霉素、宁南霉素、农用链

霉素。③合成制剂。代森锌、代森锰锌、福美双、乙磷铝、多菌灵、甲基硫菌灵、噻菌灵、百菌清、三唑酮、三唑醇、烯唑醇、戊唑醇、已唑醇、腈菌唑、乙霉威·硫菌灵、腐霉利、异菌脲、霜霉威、烯酰吗啉·锰锌、霜脲氰·锰锌、邻烯丙基苯酚、嘧霉胺、氟吗啉、盐酸吗啉胍、恶霉灵、噻菌铜、咪鲜胺锰盐、抑霉唑、氨基寡糖素、甲霜灵·锰锌、亚胺唑、春·王铜、恶唑烷酮·锰锌、脂肪酸铜、松脂酸铜、腈嘧菌酯。

111. 什么是农药安全间隔期?

答:安全间隔期是指最后一次施药至放牧、收获(采收)、使用、消耗作物前,自喷药后到残留量降到最大允许残留量所需的间隔时间。在果园中用药,最后一次喷药与收获之间必须大于安全间隔期,以防人畜中毒。常见农药安全间隔期可以参考《农药安全使用规定》。

喷洒过农药的蔬菜,一定要过安全间隔期才能上市。各种农药的安全间隔期不同。一般地说,喷洒过化学农药的蔬菜,夏天要过 7 天、冬天要过 10 天才可以上市。

技术规范篇

种植机械马铃薯种植机试验方法

（中华人民共和国国家质量监督检验检疫总局
中国国家标准化管理委员会
2006-01-24发布　2006-08-01实施）

1　范围

本标准规定了获得马铃薯种植机的种植均匀性、机具其他性能可比性和重复性测定结果的试验方法。

本标准适用于各种类型的马铃薯种植机（试验时，应卸掉机具上的施肥装置）。

2 术语和定义

下列术语和定义适用于本标准。

(1) 种薯间距(tuber distance)

同行中相邻两个种薯中心线间的距离,单位为厘米。

(2) 标称间距(rated planting distance)

制造厂在产品使用说明书中标出的种薯间距,单位为厘米。

(3) 实际间距(actual planting distance)

除去漏播和重播以外,不少于 100 个实测种薯间距的平均值,单位为厘米。

(4) 行距(row spacing)

相邻行中心线间的距离,单位为厘米。

(5) 种植机行数(number of rows of a planter)

一台种植机在单行程中种植的行数。

(6) 种薯密度(tuber density)

每公顷种植种薯的数量按公式(1) 计算。

$$\text{种薯密度}=\frac{10^8}{\text{实际间距(厘米)}\times\text{行距(厘米)}} \tag{1}$$

(7) 种薯质量(tuber mass)

一批种薯中至少以 30 个称重,确定其平均质量,单位为克。

(8) 种薯种植量或额定种植量(tuber quantity or plant rate)

每公顷种植种薯的总质量，单位为吨/公顷，并按公式(2)计算。

$$\text{种薯种植量} = 100 \times \frac{\text{种薯质量(克)}}{\text{实际间距(厘米)} \times \text{行距(厘米)}} \quad (2)$$

(9) 种植频率(planting frequency)

每行每分钟种植种薯的平均数量，单位为次/分钟。

(10) 漏种(misses)

理论上应该种植一个种薯的地方实际上没有种薯称为漏种。统计计算时凡种薯间距大于1.5倍理论间距称为漏种。

(11) 重种(multiples)

理论上应该种植一个种薯的地方实际上种植了两个或多个种薯称为重种。统计计算时凡种薯间距小于或等于0.5倍理论间距称为重种。

(12) 变异系数(Coefficiento of Variation(CV))

一行中实际间距的偏差与标称间距的百分比。

(13) 种植误差(planting errors)

一行中种薯实际间距与标称间距的偏差。种植误差用漏种指数、重种指数以及变异系数表示。

(14) 种杯充满误差(cell filling errors)

对带有杯式升运斗的种植机，以每百个杯或其他排种计量装置的漏种和重种数量的百分比表示。

(15) 种植深度(depth of planting)

沟底到地表面的距离，单位为厘米。

3 试验方法

3.1 试验条件——种薯特征

(1) 种薯形状指数(f)

种薯形状指数按公式(3)计算。

$$f=\frac{L^2}{w\times t}\times 100 \tag{3}$$

式中:

L—最大长度,单位为毫米;

w—最大宽度,单位为毫米;

t—最大厚度,单位为毫米。

注:测定的种薯样本应不少于30个。

表15 种薯形状指数

种薯形状	指　　数
圆形	≥(100～160)
椭圆形	≥(161～240)
长条形	≥(241～340)
特长条形	>340

(2) 种薯分级

测定的种薯样本应不少于30个,种薯样本应通过七个一组的方形网孔筛,网孔尺寸从25～55毫米,每5毫米间隔为一档。测定方形网孔筛用通过最大筛孔尺寸的样本和不能通过最小筛孔尺寸的全部样本所占百分数的量确定筛孔尺寸,例如35/45方形网孔筛。

3.2　行距偏差的测定

实际行距和标称行距的偏差应在田间水平地面和横向坡度为20%的田地上测定。

3.3　种植分布均匀性的测定

(1) 行上种薯分布的测定

种植在行上的种薯，每行需测100点，至少重复测4次。确定变异系数(CV)和种植误差。

圆形、椭圆形和长条形的马铃薯应经方形网孔筛35/45或35/55(种薯特征见3.1)测量。

种薯为块薯时，应用30/40或30/50的方形网孔筛测定。

(2) 带有杯式升运斗的种植机或排种计量装置种杯充满误差的测定

测定种杯充满误差，对健壮的、未发芽的马铃薯样本作如下准备：

商品种薯是几种尺寸等级和类别混杂在一起的，其尺寸等级先通过每档间隔为5毫米的方形网孔筛(筛子见3.1(2)阐述)分级，然后再按种薯长度区分等级，按表2规定的混合尺寸等级/种薯长度将试验样本分为Ⅱ、Ⅱ、Ⅲ类。

种薯为块薯时按表2中降一级尺寸，将试验样本分为Ⅰ、Ⅱ、Ⅲ类。

表 16　种薯分类表

方形网孔筛	种薯最大长度/毫米		
30/35	39	50	61
35/40	45	56	67
40/45	51	63	78
45/50	57	73	87
50/55	64	79	97
试验样本类别	Ⅰ	Ⅱ	Ⅲ

试验样本Ⅰ以圆形种薯为主,试验样本Ⅱ以椭圆形种薯为主,试验样本Ⅲ以长条形种薯为主。

试验台上的种植机应处于水平位置由无级变速控制的动力驱动。每行试验往种薯箱中至少装入 50 千克试验样本。

在种植频率为 120 次/分、80 次/分、240 次/分、300 次/分时测定种杯填充误差。

由于某些杯式排种装置种植机的充填率,随着种箱中种薯数量的减少而降低,因此试验进行到种箱中的种薯还有 1/4 时应停止。

3.4　种薯幼芽损伤的测定

种薯幼芽损伤或破碎取决于幼芽的形式、数量、弹性、长度以及幼芽在种薯上的排列。

出芽度按幼芽的长度规定如下:

弱芽:芽长 3～5 毫米;

中芽:芽长 5～15 毫米;

强芽:芽长 15～25 毫米。

测定应以几种种植频率在固定试验台上进行。

由种植机引起的幼芽破碎量，应用种薯样本中芽长度在10～15毫米的新鲜幼芽进行测定。

4 数据处理

种植频率的计算、频率表、频率直方图、合格指数、重种指数、漏种指数、标准差、变异系数和种植误差等见附录A（附录A略）。

5 试验报告

详见附录B（略）。

参考文献

[1] 王海东. 黑龙江省生物质能发展研究[D]. 沈阳:东北农业大学,2010.

[2] 黄奕怡,陈建才,周明,姚雷,严秀琴. 上海地区芳香植物有机栽培模式探讨[J]. 上海农业科技,2010(5):31—32.

[3] 曹卢波. 沼肥对露地栽培茄子产量、品质和土壤肥力的影响[D]. 武汉:华中农业大学,2008.

[4] 施能浦,魏日凤,杨卓亚,陈金铨,张玉俊,郑锡祥. 绿色(有机)稻米产业化开发模式初探 I. 绿色(有机)稻米生产的现状与发展前景[J]. 福建稻麦科技,2003,21(2):1—5.

[5] 王彩云. 质量管理在污水检测中应用的研究[D]. 北京:北京工业大学,2008.

[6] 黄莹. 崂山土壤重金属环境容量及酸沉降临界负荷研究[D]. 济南:山东大学,2007.

[7] 陈丽军. 国家级森林公园质量等级评价研究[D]. 哈尔滨:东北林业大学,2007.

[8] 刘一平. 中国石油环境污染现状及治理对策[D]. 北京:石油大学,2004.

[9] 李广慧. 粉煤灰改良栗钙土植树研究[D]. 北京:中国地质大学,2001.

[10] 陈丽枝. 激光电离飞行时间质谱仪用于固体生物样品直接

分析的研究[D]. 厦门:厦门大学,2009.

[11] 王秀娟. 基于沼渣的无土栽培有机基质特性的研究[D]. 武汉:华中农业大学,2006.

[12] 杨玉惠. 镉锌复合污染对紫花苜蓿积累重金属及吸收营养元素的影响[D]. 北京:中国农业大学,2006.

[13] 应泉盛. 氮钙硼对青花菜生理特性影响的研究[D]. 杭州:浙江大学,2005.

[14] 潘中耀. 橡胶树幼苗对不同形态＜′15＞N 标记氮肥的吸收、分配和利用特性研究[D]. 海口:海南大学,2010.

[15] 徐志远. 黄瓜种质资源耐氮瘠薄性的评价[D]. 哈尔滨:东北农业大学,2006.

[16] 黄雅曦. 黑龙江省质量效益型和可持续发展农业施肥策略的研究[D]. 哈尔滨:东北农业大学,2000.

[17] 朱哲燕. 基于多光谱成像系统的作物含氮量测试研究[D]. 杭州:浙江大学,2006.

[18] 魏成金. 氮磷配施对北美海蓬子生长、品质和氮磷积累的影响[D]. 南京:南京农业大学,2006.

[19] 陈红波. 氮、磷、钾对茴香精油含量和成分的影响研究[D]. 呼和浩特:内蒙古农业大学,2006.

[20] 谌书. 矿物的微生物风化地球化学研究——以磷矿石和方解石为例[D]. 贵阳:中国科学院地球化学研究所,2007.

[21] 邵晶. 磷对库拉索芦荟海水胁迫的缓解效应及机制[D]. 南京:南京农业大学,2005.

[22] 雷利斌. 加硫尿素 N、S 在土壤中的转化及其作物效应研究[D]. 合肥:安徽农业大学,2006.

[23] 崔莉, 刘秀珍. 硼对蔬菜产量的影响[J]. 吉林农业. 2007

(11):29.

[24] 保万魁. 海藻提取物与铜铁硼配施对小油菜营养特性的影响[D]. 北京:中国农业科学院,2008.

[25] 闫春娟. 水钾耦合对大豆生理特性及产量品质的影响[D]. 哈尔滨:东北农业大学,2008.

[26] 唐劲驰. 大豆耐低钾基因型筛选及耐性机理的研究[D]. 沈阳:沈阳农业大学,2002.

[27] 许仙菊. 磷、钾与钙配合对保护地番茄钙吸收影响的研究[D]. 太原:山西农业大学,2003.

[28] 王书丽. 钙硼营养对东方百合生长与养分吸收分配的影响[D]. 保定:河北农业大学,2006.

[29] 徐畅. 重庆市植烟区土壤镁素营养及施镁效应研究[D]. 重庆:西南大学,2008.

[30] 张延丽. 设施栽培条件下黄瓜的氮素营养诊断研究[D]. 杨凌:西北农林科技大学,2008.

[31] 闫士环. 蔬菜的营养与缺素症诊断法[J]. 天津农林科技,2005(3):29.

[32] 张吉通. 惠供矮型保纯种苗[J]. 吉林蔬菜,2005(1):23.

[33] 唐菁,杨承栋,康红梅. 植物营养诊断方法研究进展[J]. 世界林业研究,2005,18(6):45—48.

[34] 周世玉. 林果树缺素症的识别与防治[J]. 价值工程,2010,29(15):163.

[35] 朱天成,于丰年. 棚室蔬菜土壤恶化治理[J]. 现代农业科技,2010(6):298.

[36] 崔跃勇,阎学峰,郝宽亮,陈文波. 蔬菜连作土壤病的形成与预防[J]. 中国瓜菜,2005(6):47—48.

[37] 佚名. 有机蔬菜轮作技术[J]. 现代农业，2005(4)：12—13.

[38] 邓铁军，王凯学，覃贵亮，吴志红，李菁，沈昆. 广西冬种马铃薯主要病害及综合防治对策[J]. 广西农学报，2008,23(1)：30—32;53.

[39] 杨尽. 利用矿物改良土地整理新增耕地贫瘠土壤研究[D]. 成都：成都理工大学，2010.

[40] 王支农. 成都地区土壤生态地球化学评价方法研究[D]. 北京：中国地质大学，2004.

[41] 郝起礼. GIS技术应用于农用地分等研究——以子长县为例[D]. 西安：长安大学，2008.

[42] 田甜. 有机肥结构对吸附重金属影响与修复污染土壤效果研究[D]. 广州：中山大学，2010.

[43] 耿晨光. 有机农业生产中有机肥的合理施用[J]. 内蒙古农业科技，2008(4)：93—95.

[44] 林赞福. 闽南香蕉施肥要点[J]. 福建农业，2009(9)：15.

[45] 冉秀清. 秸秆还田技术推广与应用[J]. 现代农业科技，2006(10)：84.

[46] 段培. 氮磷钾配施对阳藿产量和品质的影响[D]. 贵阳：贵州大学，2008.

[47] 褚清河，阎文泽，王海存，李健英，刘虎林. 论最小因子理论的产生发展及应用中的问题[J]. 山西农业科学，2002,30(4)：37—41.

[48] 姜艳. 玉米根际碳淀积定量研究初探[D]. 北京：中国农业大学，2006.

[49] 李树军. 浅析氮肥在农业生产中的作用及当前存在的问题

[J]. 黑龙江农业科学，2010(1)：41—44.

[50] 田丽华. 氮对作物生长发育的影响及其施肥方法[J]. 河北农业科技，2008(15):40.

[51] 黄超. 中国粳稻核心种质耐低磷种质筛选及水稻耐低磷胁迫 QTL 定位[D]. 北京:中国农业大学,2005.

[52] 袁野. 沼肥使用五忌[J]. 农村实用技术，2005(5)：28.

[53] 国林涛. 超微细磷矿粉的生物有效性及其机理研究[D]. 济南:山东农业大学,2008.

[54] 刘旭. 天力集团复合肥营销渠道研究[D]. 郑州:郑州大学,2007.

[55] 刘少华. 植物病害分子监测技术研究[D]. 上海:华东师范大学,2005.

[56] 魏波. 从生态系统角度谈水稻田病虫害的综合防治[J]. 中国科技财富，2009(2)：121.

[57] 任众. 大豆病虫害信息网站建设以及安徽省大豆根腐病病原菌的分离和鉴定[D]. 南京:南京农业大学,2009.

[58] 符贤英. 蒌叶细菌性疫病病原菌的鉴定及其防治的初步研究[D]. 海口:海南大学,2008.

[60] 徐刚. 大豆种质资源对大豆花叶病毒(SMV)的抗性鉴定及抗性遗传的研究[D]. 哈尔滨:东北农业大学,2008.

[61] 朱天辉. 枯斑拟盘多毛孢菌毒素的研究[D]. 雅安:四川农业大学,2003.

[62] 高增贵. 玉米内生细菌种群多样性与纹枯病生防机理的研究[D]. 沈阳:沈阳农业大学,2003.

[63] 花冬梅. 土传病害探源及防治[J]. 北京农业，2003(3)：29—30.

图书在版编目(CIP)数据

安全种植百问百答 / 胡立芳，龙於洋编著. —杭州：浙江工商大学出版社，2011.8

(建设生态新农村丛书 / 沈东升主编)

ISBN 978-7-81140-375-6

Ⅰ. ①安… Ⅱ. ①胡… ②龙… Ⅲ. ①种植—问题解答 Ⅳ. ①S359.3—44

中国版本图书馆 CIP 数据核字(2011)第 175633 号

安全种植百问百答

胡立芳　龙於洋　编著

丛书策划　钟仲南　邬官满
责任编辑　翁爱湘
责任校对　周敏燕
封面设计　陈思思
责任印制　汪　俊
出版发行　浙江工商大学出版社
(杭州市教工路 198 号　邮政编码 310012)
(E-mail:zjgsupress@163.com)
(网址:http://www.zjgsupress.com)
电话:0571—88904980,88831806(传真)
排　　版　杭州朝曦图文设计有限公司
印　　刷　杭州杭新印务有限公司
开　　本　850mm×1168mm　1/32
印　　张　5
字　　数　100 千
版 印 次　2011 年 8 月第 1 版　2011 年 8 月第 1 次印刷
书　　号　ISBN 978-7-81140-375-6
定　　价　15.00 元

浙江工商大学出版社营销部邮购电话　0571—88804227